Preliminary List of the **Cyperaceae** in Northeastern Brazil

(Repatriation of Kew Herbarium Data for the Flora of Northeastern Brazil Series, vol. 3)

Lista Preliminar da Família **Cyperaceae** na Região Nordeste do Brasil

(Série Repatriamento de Dados do Herbário de Kew para a Flora do Nordeste do Brasil, vol. 3)

Ana Cláudia Araújo

Edgley A. César

David Simpson

2007

Kew

PLANTS PEOPLE
POSSIBILITIES

First published in 2007 by
Royal Botanic Gardens, Kew
Richmond, Surrey, TW9 3AB, UK
www.kew.org

ISBN 978 1 84246 204 1

British Library Cataloguing in Publication Data
A catalogue record for this book is available from the British Library

Typesetting and page layout: Christine Beard
Cover design by Jeff Eden, Media Resources, Information Services Department,
Royal Botanic Gardens, Kew

Printed in the United Kingdom by Lightning Source

For information or to purchase all Kew titles please visit
www.kewbooks.com or email publishing@kew.org

All proceeds go to support Kew's work in saving the world's plants for life

Conteúdo/Contents

Lista preliminar da Família **Cyperaceae** na Região Nordeste do Brasil

(Série Repatriamento de Dados do Herbário de Kew para a Flora do Nordeste do Brasil, vol. 3)

Ana Cláudia Araújo[1]
Edgley A. César[2]
David Simpson[3]

Instituições colaboradoras:

Royal Botanic Gardens, Kew

Universidade Estadual de Feira de Santana (HUEFS), Bahia, Brasil

Centro de Pesquisas do Cacau (CEPEC), Itabuna, Bahia, Brasil

Empresa Pernambucana de Pesquisa Agropecuária (IPA), Recife, Pernambuco, Brasil

Centro Nordestino de Informações sobre Plantas (CNIP), Recife, Pernambuco, Brasil

Universidade do Vale do Itajaí, Santa Catarina, Brasil

Editora da série: D. Zappi[3]

[1.] Universidade Federal do Rio Grande do Sul, Av. Bento Gonçalves 9.500, Bloco IV, 434333, Campos do Vale, Agronomia, CEP 91501-970 - Porto Alegre (RS), Brasil
[2.] Universidade Federal da Paraíba, Brasil
[3.] Herbarium, Royal Botanic Gardens, Kew, Richmond, Surrey, TW9 3AB, United Kingdom

Prefácio

A família Cyperaceae não é a primeira a nos chamar a atenção quando consideramos a região semiárida nordestina. Por outro lado, esta família encontra-se muito bem representada numa diversidade de ecossistemas encontrados nessa ampla região, incluindo a floresta úmida tropical, as restingas, os campos rupestres, riachos e brejos, e mesmo a caatinga. Listas florísticas e floras locais representam importantes passos em direção ao estudo da flora regional. Harley & Mayo (1980) "Towards a Checklist of the Flora of Bahia" registraram 101 espécies de Cyperaceae, acompanhadas de espécimes examinados. No primeiro checklist da flora do Nordeste, intitulado "Checklist Preliminar das Angiospermas," Barbosa et al. (1996) compilaram uma lista de 169 espécies de Cyperaceae, baseados em citações bibliográficas. Em 2006, Barbosa et al. publicaram uma versão melhorada do mesmo checklist compilada de várias fontes, o "Checklist das Plantas do Nordeste Brasileiro: Angiospermas e Gymnospermas," no qual o número de espécies de Cyperaceae aumentou para 265.

A presente publicação é baseada em espécimes originados de apenas um herbário, compreendendo 190 espécies, acompanhados da citação de espécimes examinados no herbário de Kew. Tais espécimes identificados de maneira acurada, com dados disponíveis na publicação e on-line, juntamente com outros disponíveis em outros herbários e nos seus websites, são importantes para o conhecimento e estudo da flora do Nordeste do Brasil.

Wm. Wayt Thomas
The New York Botanical Garden
Bronx, NY 10458-5126, USA

Barbosa, M. R. V.; Sothers, C.; Mayo, Simon; Gamarra-Rojas, C. F. L.; Mesquita, A. C. (Organizers). Checklist das Plantas do Nordeste Brasileiro: Angiospermas e Gymnospermas. Brasília: Ministério de Ciência e Tecnologia, 2006. v. 1. 144 p.

Barbosa, M. R. V., S. J. Mayo, A. A. J. F. de Castro, G. L. de Freitas, M. do S. Pereira, P. da C. Gadelha Neto, and H. M. Moreira. 1996. Checklist preliminar das angiospermas. Pp. 253–415, in: E. V. S. B. Sampaio, S. J. Mayo, and M. R. V. Barbosa (eds.), Pesquisa Botânica Nordestina: Progresso e Perspectivas. Sociedade Botânica do Brasil, Seção Regional de Pernambuco, Recife, PE, Brazil.

Harley, R. M. and S. J. Mayo. 1980. Towards a Checklist of the Flora of Bahia. Royal Botanic Gardens, Kew, U.K.

Agradecimentos

Gostaríamos de agradecer

- ao Reitor da Universidade do Vale Itajaí (Dr. José Roberto Provesi), pelo afastamento concedido à pesquisadora Ana Cláudia Araújo durante os meses de Setembro a Dezembro de 2003, no qual ela participou ativamente do projeto de repatriamento identificando a totalidade dos espécimes de Cyperaceae.
- à Dra Maria Regina Vasconcelos Barbosa, pelo afastamento concedido ao bolsista Edgley César, que foi responsável pela digitalização da família Cyperaceae.
- ao time regional da América Tropical, que apoiou tanto Ana Cláudia como Edgley de maneiras diversas. ao Dr David Simpson, que disponibilizou as coleções de Cyperaceae para que este projeto pudesse ser realizado.
- ao Dr Nicholas Hind, Simon Mayo e Brian Stannard pela assistência com a interpretação de manuscritos, localização de registros e acesso a bibliografia fundamental.
- à Nicola Biggs por assegurar a salvaguarda dos dados produzidos e a sua disponibilização no website de repatriamento.
- à British American Tobacco pelo financiamento do projeto de 2001 a 2005.

Resumo

A presente lista representa o terceiro volume da série Repatriamento de dados do herbário de Kew para a Flora do Nordeste do Brasil. 1392 espécimes foram examinados, sendo que uma grande proporção dos mesmos foi estudada por especialistas mundiais no gênero ao qual pertencem, enquanto que outros espécimes foram identificados utilizando as revisões e monografias mais recentes, ou através da comparação com espécimes-testemunho devidamente identificados, especiamente tipos nomenclaturais, garantindo que os nomes utilizados neste trabalho estejam atualizados da melhor maneira possível. Enquanto a nomenclatura utilizada nos espécimes de Kew segue a literatura mais recente, devemos levar em conta que outras coleções podem estar utilizando nomenclatura defasada. Leitores devem acessar a listagem on-line do Nordeste do Brasil mantida pelo Centro Nordestino de Informações sobre Plantas e a Associação Plantas do Nordeste (**www.cnip.org.br**) para obter os sinônimos corretos de nomes desatualizados. A presente lista foi produzida usando apenas material depositado no Kew, sendo que a cobertura de coletas para a Bahia é adequada, especialmente devido às diversas expedições anglo-brasileiras realizadas entre 1970 e 1990. Para os demais estados do Nordeste, a representatividade das coleções de Kew é relativamente esparsa. Um total de 24 gêneros totalizando 190 espécies são listados em ordem alfabética e organizados por estado, localidade, coletor e número. Uma lista de exsicatas em ordem alfabética de coletor e número é apresentada com a finalidade de auxiliar a identificação de duplicatas depositadas em outras coleções. O banco de dados que possibilitou a geração desta lista encontra-se disponível em: (**http://www.rbgkew. org.uk/ data/repatbr/homepage.html**), juntamente com imagens escaneadas de todos os tipos de Cyperaceae do Nordeste do Brasil depositados no Kew. Cópias impressas dessas imagens também foram depositadas em três herbários do Nordeste do Brasil (CEPEC, IPA e HUEFS) e uma cópia adicional para a especialista.

Introdução

Estudos florísticos recentes na região neotropical têm colocado Cyperaceae entre as 10 famílias com maior riqueza em número de gêneros e espécies, 7ª posição entre todas as Angiospermas e 3ª entre as Monocotiledôneas (Thomas, 1984, 2004; Adams, 1994; Kearns et al.1998; Smith et al. 2004). São conhecidos dois centros de diversidade para a família, um na América Central (Raynal, 1971; Koyama 1972) e outro na América do Sul setentrional, especialmente no que diz respeito aos gêneros *Lagenocarpus* Nees *Pleurostachys* Brongn. e *Rhynchospora* Vahl (Raynal, 1971; Koyama 1972; Araújo, 2001; Thomas & Alves, in press). Esta família também possui considerável riqueza e diversidade de espécies na flora do Nordeste do Brasil, ficando entre as cinco principais famílias que formam a fitofisionomia dos ambientes abertos na região (Harley & Giulietti, 2004).

As Cyperaceae são monocotiledôneas herbáceas, raramente lignificadas, que formam muitas vezes densas populações em ambientes abertos e úmidos. Embora a maioria das espécies ocorra em campos úmidos ou brejos, há muitas espécies típicas de ambientes áridos ou semi-áridos, tolerando secas periódicas ou mesmo chuvas irregulares. Alguns grupos, como *Mapania, Pleurostachys* e *Scleria*, são típicos de vegetação florestal (Adams, 1994; Kearns et al.1998; Camelbecke, 2002; Simpson, 2003; Thomas & Alves, in press).

O Nordeste do Brasil é uma região especial, visto que engloba diferentes biomas: Cerrado, Caatinga, Campo Rupestre e Floresta Atlântica, bem como áreas ecotonais entre esses ecossistemas. Algumas destas areas ecotonais recebem denominação específica, como "carrasco", vegetação intermediária entre cerrado e caatinga (Zappi et al. 2003), "brejos", florestas de altitude interioranas com elementos tanto de mata atlântica como da floresta amazônica (Sales et al. 1998).

As áreas de transição, cujo tipo vegetacional muitas vezes não é claramente definido, não são apenas o resultado de "encraves" vegetacionais (Fernandes 2000), mas são também o resultado da influência dos fatores climáticos e edáficos agindo simultaneamente. A fisionomia atual é um resultado da expansão/retração da vegetação durante subsequentes períodos glaciais e pós-glaciais (Ab'Saber, 1977; Ratter et al. 1988). Segundo Pennington et al. (2000) as alterações paleoclimáticas influenciaram o padrão de distribuição de numerosas espécies, formando um padrão descrito como arco pleistocênico.

Este arco pleistocênico influenciou a riqueza de espécies no leste do Brasil através da migração vegetacional do Sul para a região Norte da América do Sul durante períodos glaciais. Além disso, Pennington *et al.* (2000) sugerem que as florestas de galeria ocorrentes no cerrado apresentam espécies que ocorrem tanto na floresta Amazônica quanto na floresta Atlântica, contribuindo com a expansão de suas populações.

Estudos realizados realizados até o momento mostram um alto número de endemismos e espécies novas nos ecossistemas no Nordeste brasileiro, especialmente para cerrado e campo rupestre (Stannard, 1995; Lima *et al.* 1999; Guedes *et al.* 1999; Figueiredo & Lima-Verde 1999; Giulietti *et al.* 2002; Harley & Giulietti, 2004). A diversidade da floresta Atlântica e Amazônica é incontestável. Segundo Giulietti *et al.* (2002), ao contrário do que se pensava no passado, a caatinga apresenta uma diversidade considerável com um alto número de espécies endêmicas.

O Nordeste brasileiro abriga uma flora ciperológica riquíssima, tanto com espécies amplamente distribuídas no Neotrópico, algumas atingindo as zonas temperadas, quanto com espécies endêmicas adaptadas a ambientes particulares, resultantes de fatores climáticos e do relevo que, agindo simultaneamente, formaram microambientes distintos na região (Lewis, 1987). Da mesma forma, existem conexões entre a vegetação de campo rupestre na Serra do Espinhaço com as Guianas ou, em outros casos entre o Campo Rupestre e Restinga, formando disjunções (Lewis, 1987; Giulietti & Pirani, 1988).

Em Cyperaceae o número de espécies amplamente distribuídas é bem maior do que o de espécies endêmicas. Espécies endêmicas do cerrado, ocorrem desde o Nordeste até o Sudeste ou Sul do Brasil (norte do Paraná). Espécies adaptadas as campinaranas amazônicas estendem-se até as sabanetas colombianas e venezuelanas. Além de espécies de ampla distribuição, espécies de distribuição disjunta também ocorrem na família, como em *R. consanguinea* presente no cerrado e savanas da América do Sul e na savana do México, sem registro para a América Central (Araújo 2001). Alguns casos de endemismo já foram reconhecidos, como por exemplo nos gêneros *Hypolytrum* (Alves, 2003) e *Rhynchospora* (Giulietti *et al.* 2002). Outros casos de endemismo no Nordeste do Brasil estão sendo confirmados através do presente trabalho.

Embora a grande maioria dos estudos na vegetação do Nordeste tenham enfocado, principalmente, espécies lenhosas, estudos recentes apontam uma grande riqueza e diversidade de espécies de Cyperaceae, incluindo novos descobrimentos para esta região (Araújo *et al.* 2002, 2003; Alves; 2003; Prata, 2004; Vitta, 2005; Thomas & Alves, in press).

Por sua particular morfologia, literatura especializada e a existência de um número relativamente pequeno de especialistas no grupo, identificar Cyperaceae tem constituído um grande desafio. Este estudo teve como principal objetivo apresentar uma lista da coleção preservada no Herbário de Kew, disponibilizando informações sobre a flora do Nordeste do Brasil, com

determinações corretas e atualizadas, além de materiais-tipo devidamente anotados e comentários e informações taxonômicas relevantes sobre o material encontrado.

Material e Métodos

Área de estudo e parâmetros do projeto
Para os fins deste projeto, foram incluídos os estados nordestinos do Piauí, Ceará, Rio Grande do Norte, Paraíba, Pernambuco, Sergipe, Alagoas e Bahia, que juntos formam uma unidade fitogeográfica denominada *'domínio das caatingas'*. O estado do Maranhão não faz parte dessa região fitogeográfica, tendo mais afinidades com a vegetação amazônica. A lista disponível no site do CNIP/APNE (**www.cnip.org.br**) inclui o Maranhão. Os resultados aqui apresentados foram obtidos de acordo com os parâmetros adotados por Zappi & Nunes (2002).

Metodologia adotada
Primeiramente Edgley César separou da coleção geral do Herbario de Kew todos os espécimes coletados na área de estudo, incluindo materiais-tipo. Tal seleção foi orientada a partir de um banco de dados dos gêneros representados no herbário do Kew (Brummitt & Brummitt, em prep.). Após a revisão e atualização das identificações (ver abaixo), todos os espécimes foram registrados num banco de dados. Os materiais-tipo tiveram seus protólogos, ou descrições originais, localizados e copiados através de uma busca da realizada por Edgley junto à Biblioteca do Royal Botanic Gardens, Kew. Finalmente os materiais-tipo foram escaneados e as imagens impressas, juntamente com as fotocópias dos protólogos, foram organizadas sob forma de pacotes de repatriamento destinados aos herbários CEPEC, IPA e HUEFS. O banco de dados passou por uma revisão dos autores, e foi utilizado para gerar o checklist que forma a parte principal deste trabalho.

A revisão e a identificação das coleções foram desenvolvidas por Ana Cláudia Araújo, que também revisou o status das coleções-tipo. A identificação dos espécimes baseou-se em estudos minuciosos, na extensiva utilização da bibliografia disponível (descrição original, revisões taxonômicas, floras recentes), e na padronização e estabilização da nomenclatura utilizada para as espécies estudadas, especialmente com ajuda dos sites **www.ipni.org** e **www.tropicos.mobot.org** Especialistas de diversos gêneros foram consultados (A.P. Prata para *Bulbostylis*, M.A. Alves para *Hypolytrum*, F.A. Vitta para *Lagenocarpus* e W.W. Thomas para os gêneros *Pleurostachys* e *Rhynchospora* Vahl), e esta participação indireta foi fundamental para dar maior confiabilidade aos resultados obtidos.

O detalhamento da investigação taxonômica permitiu uniformizar a morfologia de acordo com os tipos estudados, tornando possível esclarecer dúvidas nomenclaturais. Contudo, em algumas instâncias foi difícil encontrar uma solução no espaço de tempo disponível, especialmente para materiais-tipo e coleções antigas. Nestes casos foram fixadas anotações aos respectivos espécimes.

Em algumas coleções a identificação é duvidosa. Nestes casos foram usados os códigos **cf**. ou **aff**. Houve o uso de **cf.** quando acredita-se que o espécime possa pertencer a uma certa espécie, embora não haja certeza absoluta. Tratam-se de coletas incompletas, ou de material imaturo, cuja identidade é impossível de determinar com precisão. O uso de **aff.** foi restrito a coleções superficialmente semelhantes a uma determinada espécie, mas que provavelmente pertencem a outra espécie, nova ou desconhecida até o momento.

O material-tipo foi identificado com etiqueta-padrão, a qual possui a transcrição das informações originais do coletor e a espécie à qual esse tipo-nomenclatural está associado. Muitas vezes o material-tipo de um nome encontra-se depositado junto ao nome aceito para uma determinada espécie, e a simples imagem do tipo não seria suficiente para transmitir essa informação. Além do mais, em muitos casos os dados de coleta na etiqueta original não são claramente legíveis.

Com esta revisão minuciosa foi possível investigar a origem de materiais históricos importantes, identificar materiais-tipo não reconhecidos como tal, bem como identificar coleções históricas que haviam sido reconhecidas erroneamente como material-tipo.

Resultados

Um total de 1302 espécimes de Cyperaceae do Nordeste do Brasil foram incluídos no banco de dados, representando 190 espécies em 24 gêneros, dentre os quais 58 materiais-tipo correspondentes a 51 nomes.

Dos 24 gêneros representados no Nordeste do Brasil, 13 possuem espécies descritas recentemente e cujos tipos encontram-se depositados no herbário de Kew.

A Bahia foi o estado com maior número de tipos registrados (32). Destes, os gêneros com maior número de tipos são *Cyperus* (10), *Eleocharis* (9), *Rhynchospora* (8) e *Scleria* (6). Dos 24 gêneros representados no, Da mesma forma a Bahia é o estado da Região Nordeste melhor representado no Kew com 185 espécies, seguido de Pernambuco (51) e Piauí (29). Para os Estados do Rio Grande do Norte e Sergipe foi encontrado apenas um registro. Ver Mapa 1.

As espécies melhor representadas no Nordeste do Brasil são: *Bulbostylis jacobinae* Lindm., *Pycreus polistachyos* (Rottb.) P. Beauv. e *Rhynchospora contracta* (Nees) J. Raynal, com referência para 4 diferentes estados. Espécies bastante comuns no Nordeste e no Brasil como um todo, como *Bulbostylis capillaris* (L.) C.B. Clarke, *Cyperus aggregatus* (Willd.) Endl., *C. Haspan* L., *C. Rotundus* L., *Eleocharis geniculata* (L.) Roem. & Schult., *Rhynchospora cephalotes* (L.) Vahl, *R. exaltata* Kunth, *R. globosa* (Kunth) Roem. & Schult. e *Scleria bracteata* Cav. estão

representados em três estados. Os três maiores coletores de Cyperaceae do Nordeste brasileiro nas últimas décadas foram: Raymond M. Harley (K), Scott Mori (NY) e André M. Carvalho (CEPEC). As maiores coleções históricas são as de Salzmann (62 registros) e G. Gardner (50 registros).

Discussão

Embora existam dados apontando as Cyperaceae como uma família importante na flora neotropical (Adams, 1994; Kearns *et al.*1998, Simpson *et al.* 2003), as listagens disponíveis para localidades do nordeste do Brasil apresentaram Cyperaceae com um número relativamente baixo de espécies, ocupando entre a nona e a 11ª posição entre as 15 famílias mais numerosas em espécies nestes estudos (Stannard *et al.* 1995, Barbosa *et al.* 1996, Zappi, 2003)

Entre os estudos citados acima, alguns foram estudos florísticos desenvolvidos em áreas geralmente limitadas (Stannard *et al.* 1995, Zappi, 2003), enquanto Barbosa *et al.* (1996) apresenta uma lista completa do Nordeste, foi baseado apenas em literatura.

Estudos que envolveram coleções de herbário e trabalho de campo intensivo apresentam como resultado um número maior de espécies de Cyperaceae (Stannard *et al.* 1995). Mas, ainda assim, estes resultados não chegam a corroborar a posição real da família na flora neotrópica, ou em estudos florísticos na América do Sul (Camelbeke 1999). Vale lembrar que, com 191 espécies, as Cyperaceae encontram-se na 5ª posição em relação a outras famílias que foram alvo dos esforços do Projeto de Repatriamento de Dados de Herbário para o Nordeste do Brasil (tabela 1). No entanto, é necessário considerar que a tabela 1 reflete a disponibilidade de espécimes herborizados no herbário de Kew e não a riqueza absoluta de espécies

família	espécies
Leguminosae	850
Compositae	450
Gramineae	442
Rubiaceae	249
Cyperaceae	190
Orchidaceae	180
Myrtaceae	175
Verbenaceae	129
Cactaceae	100
Eriocaulaceae	97
Bromeliaceae	99
Araceae	63
Polygalaceae	54
Loranthaceae	44
Passifloraceae	25
Viscaceae	20

Tabela 1. número de espécies nas famílias estudadas durante o projeto de Repatriamento de Dados do Herbário de Kew para o Nordeste do Brasil.

na região, e ressaltar que a disponibilidade de coleções não é uniforme entre as famílias estudadas, dependendo de fatores históricos e de legislação (e.g. CITES x Orchidaceae).

A representatividade da família nos estudos anteriores também está relacionada ao tipo de vegetação estudada. Em vegetações abertas e até mesmo em borda de bosques, a presença de Cyperaceae é mais expressiva, ao passo que em vegetações florestais espera-se um número mais baixo de espécies.

Por outro lado, existem gêneros tipicamente florestais da família, que muitas vezes não estão bem representados em tratamentos florísticos nesse tipo de vegetação. Numa lista baseada em materiais coletados nos 'brejos' de Pernambuco, Sales *et al.* (1998) registraram apenas duas espécies de *Becquerelia* e três de *Scleria*, quando seria esperada a ocorrência de um número maior de espécies, ao menos para *Scleria*, bem como a ocorrência de outros gêneros típicos de vegetação florestal, como *Bolboschoenus, Hypolytrum* e *Pleurostachys*. É relevante comentar que dados sobre táxons típicos de baixios, formações brejosas, solos úmidos ou alagadiços também são frequentemente insipientes. Gêneros como: *Ascolepis, Eleocharis, Fuirena* e *Lipocarpha*, foram consideravelmente representados na presente lista, especialmente se comparados aos trabalhos anteriores (Stannard *et al.* 1995, Sampaio *et al.* 1996, Sales *et al.* 1998, Zappi *et al.* 2003).

A dissonância entre a riqueza de espécies da presente listagem e os demais estudos executados para a região (Stannard *et al.* 1995, Barbosa *et al.* 1996, Sales *et al.* 1998, Zappi *et al.* 2003) revela o grau de importância da mesma como contribuição para melhorar o conhecimento sobre a flora ciperológica nordestina. O diferencial está na abrangência do presente estudo, embasado em uma coleção numerosa de espécimes coletados ao longo de 200 anos, contribuindo de maneira muito mais significante do que trabalhos limitados a pequenas áreas. O Mapa 2 mostra que a maior riqueza de espécies de Cyperaceae ocorre na região da Chapada Diamantina, na Bahia.

Os resultados apresentados indicam que as vegetações florestais, como a floresta Amazônica, não atuam como barreira absoluta para a expansão de espécies campestres que ocorrem tanto nas savanas das áreas extra-brasileiras, quanto no cerrado e campo rupestre do Brasil, como por exemplo *R. armerioides* e *R. globosa* amplamente distribuídas na América do Sul e América Central (Araujo, in prep.). As florestas de galeria, por sua vez, funcionam como corredores entre a floresta Amazônica e floresta Atlântica para algumas espécies de distribuição florestal, como *Hypolytrum pulchrum* com ocorrência entre o Planalto das Guianas e o Nordeste brasileiro. Certamente, muitas outras espécies florestais de Cyperaceae acompanham estes corredores e se estabelecem em diferentes áreas ecotonais conectadas ao cerrado e/ou caatinga de acordo com seu grau de tolerância a umidade, luminosidade e as condiçoes edáficas em geral.

Os distintos microambientes nordestinos têm revelado vários endemismos em Cyperaceae como: *Bulbostylis*

distichoides, Hypolytrum bahiense, H. bullatum, H. amorimii, H. jardimii, (Alves, 2003), e *Rhynchospora calderana* (Giulietti *et al.* 2002). Com base neste estudo incluem-se ainda como espécies endêmicas: *Cyperus brumadoi, Eleocharis bahiensis, E. morroi, E. olivaceonux, E. rugosa* e *Lagenocarpus compactus*. Outras espécies são endêmicas de campo rupestre, ocorrendo apenas nas formações da Cadeia do Espinhaço incluindo o Estado de Minas Gerais: *Cyperus subcastaneus, Lagenocarpus claussenii* e *L. griseus. Rhynchospora almensis*, referida anteriormente como endêmica (Simpson, 1995), foi registrada para o estado do Mato Grosso. Assim como esta, outras espécies são endêmicas da vegetação de cerrado e/ou campo rupestre, ou até mesmo cerrado e caatinga, não limitadas ao nordeste mas atingindo outros estados do Brasil, como ocorre com *Eleocharis almensis* e *Scleria atroglumis*.

Cabe um breve comentário, também, em relação à particularidade da vegetação Amazônica. A inclusão do Estado do Maranhão neste projeto poderia ter contribuído com um maior número de espécies florestais, mas infelizmente as coleções maranhenses representadas no herbário do Kew são demasiadamente escassas para refletir a diversidade florística no estado.

Dos 24 gêneros encontrados, quatro são típicos de mata: *Becquerelia, Hypolytrum, Pleurostachys* e *Scleria*, além de gêneros como *Cyperus* e *Rhynchospora* que, embora típicos de campo, têm representantes em vegetações florestais. O gênero *Becquerelia* está representado por apenas 2 espécies no nordeste, *B. cymosa*, com ampla distribuição no neotrópico, e *B.clarkei*, colecionada apenas na Bahia até o presente momento.

Pleurostachys gaudichaudii, o único representante do gênero na coleção do Kew, distribui-se ao longo da floresta Atlântica desde o Sul do Brasil até a região Norte. Além destas, estudos recentes têm confirmado outras sete espécies para a Bahia, quatro delas inéditas, e ainda *P. foliosa, P. macrantha* e *P. stricta* (W. Thomas & M. Alves, no prelo). Para o Estado de Pernambuco é conhecida uma única espécie, *P. puberula* Kunth (*M. Alves et al. 235-95 - UFP*), sem duplicata no herbário de Kew. Até o momento não está descartada a possibilidade desta e outras espécies ocorrerem também nos demais estados nordestinos.

O gênero *Scleria* é encontrado principalmente em ambientes florestais, mas espécies da Sect. *Hypoporum*, típicas de campo, são morfologicamente bastante semelhantes, consequentemente estão envolvidas em confusões taxonômicas e nomenclaturais (Britton, 1885; Robinson, E.A. 1964; Camelbecke, 2002).

Entre as espécies campestres *S. distans* está melhor representada no Kew. A espécie tem uma ocorrência disjunta entre os Neotrópicos e o leste da África. Outro ponto que chama atenção é o número relativamente pequeno de duplicatas de *S. hirtella*, registrada apenas para a Bahia e Piauí, a qual tem ocorrência ampla no Brasil, chegando até os campos sulinos do Rio Grande do Sul. *Scleria hirtella* também tem distribuição disjunta entre os Neotrópicos e o leste da África. *Scleria interrupta* havia sido registrada apenas para a América Central, e o presente registro na região Nordeste representa certamente uma nova ocorrência para o Brasil.

Entre as espécies florestais as coleções mais numerosas são: *S. bracteata, S. latifolia, S. melaleuca* e *S. scabra. Scleria secans* é uma espécie heliófila, associada a ambientes florestais perturbados. *Scleria macrogyne* e *S. plusiophylla* são, provavelmente, espécies raras no nordeste. Enquanto para *S. atroglumis*, endêmica da Bahia, apenas o material-tipo e uma coleção adicional feita em 1988 foram registrados.

Eleocharis é um gênero típico de ambientes úmidos muito bem representado no Nordeste. Porém, a falta de estudos específicos para o gênero e a dificuldade de se obter caracteres taxonômicos úteis na separação de espécies em muitos casos impediu uma identificação precisa. Varias coleções ficaram sem determinação e precisam de estudos mais detalhados. Não se descarta a possibilidade de novas espécies, endêmicas e restritas ao nordeste brasileiro. As espécies mais freqüentes e bem representadas no herbário são *E. geniculata, E. filiculmis, E. minima* e *E. mutata*. Estão melhor distribuídas no nordeste *Eleocharis almensis, E. bahiensis* e *E. eglerioides. Eleocharis* necessita de revisão taxonômica e estudo morfológico mais detalhado para esclarecer dúvidas de ordem taxonômica que dificultam a identificação de suas espécies

Rhynchospora é um dos maiores gêneros da família e muito bem representado no Brasil. Neste gênero consideram-se espécies bem representadas na flora do Nordeste: *Rhynchospora cephalotes, R. consanguinea* e *R. nervosa*, típicas de cerrado; *R. globosa, R. holoschoenoides, R. rugosa* e *R. tenuis* que ocorrem em outras formações campestres além do cerrado. *Rhynchospora cephalotes* e *R. exaltata*, igualmente bem representadas na flora nordestina, são comuns em orla de mata ou cerradao. A primeira é muito mais freqüente no nordeste do que a segunda, a qual tem populações maiores no sul do Brasil. Ainda em *Rhynchospora*, muitas espécies fazem parte de complexos de espécies, sendo difícil estabelecer uma delimitação taxonômica clara entre os taxons, por exemplo entre as espécies de *Rhynchospora* seção *Rugosae* ou seção *Tenue*. Ambas seções já foram alvo de revisões taxonômicas (Guaglianone, 1979; Rocha & Luceño, 2002), mas a amplitude morfológica de determinadas espécies como *R. tenuis* e *R. rugosa*, particularmente na Cadeia do Espinhaço, continua representando um desafio à taxonomia.

As espécies de *Cyperus* que estão melhor colecionadas no nordeste são *C. articulatus* e *C. haspan*, representadas em três Estados. Ambas espécies têm ampla distribuição no continente americano, ocorrendo desde os Estados Unidos até o Sul da América do Sul. A ausência de registros destas espécies nos demais estados nordestinos está relacionada, em nossa opinião, também a um maior esforço de coleta priorizando esta família, ou maior intercâmbio entre os colecionadores e o herbário do Kew. *Cyperus haspan* é típica de locais úmidos e arenosos, ocorrendo tanto em zonas baixas de cerrado inundável durante o período de precipitação

mais intensa, quanto no litoral em ambientes de solo umido em restinga e dunas. *Cyperus articulatus* ocorre principalmente em margem de rios e córregos.

Também observamos frequência baixa de coleta em certas espécies. No herbário de Kew encontramos apenas uma coleção de *Cyperus gardneri* (*Gardner* 1213 – type), apesar dessa espécie ser considerada por Tucker (1988) amplamente distribuída na América Latina, ocorrendo desde Cuba até a Argentina, em solos úmidos até encharcados. A ausência de coletas adicionais para esta espécie no Nordeste do Brasil pode ser consequência de uma germinação e estabelecimento muito ocasionais dessa espécie, que pode ficar muito dependente das condições climáticas regionais, caracterizada por chuvas irregulares e ocasionais. *Cyperus palustris*, por outro lado, é amplamente distribuído no Sul da América do Sul, foi registrado em Kew através de duas coletas na Bahia, que podem representar seu limite norte de distribuição dentro dos Neotrópicos. *Cyperus sphacelatus* Rottb. foi também registrado em Kew através de uma coleta da Bahia, mas ocorre no México (Tucker 1994) e na América Central e do Sul, atingindo a Bolívia (Adams 1994), e ocorrendo também na África (Lowe & Stanfield 1974, Adams 1994). Aparentemente a latitude 20°S é o limite sul de distribuição da espécie, sendo que a coleta feita na Bahia pode representar o limite sul de distribuição dessa espécie no Brasil. Finally, *Cyperus maritimus* apresentou apenas um registro no Nordeste, mas ocorre na Nigéria e em Madagascar (Chermezon 1919; Lowe & Stanfield 1974). Esta disjunção foi também observada em outros táxons, como por exemplo *Mapania sylvatica* (Simpson, 1992) e apoia a hipótese de uma antiga conexão entre as floras do Leste do Brasil e a África.

A grande maioria dos táxons identificados em *Cyperus* restringe-se a espécies exóticas invasoras de cultura agrícola e/ou espécies ruderais. É necessário um maior esforço de coleta em vegetações nativas que possibilitem um diagnóstico real da ocorrência do gênero na região, bem como da distribuição de suas espécies.

Conclusões

Estudando a coleção do Herbário de Kew (K) constatou-se a grande necessidade que ainda persiste de desenvolver estudos mais profundos em morfologia e taxonomia de Cyperaceae. Muitas dúvidas surgiram durante a análise da coleção em relação a circunscrição de espécies muito variáveis ou morfologicamente semelhantes, o posicionamento a respeito de categorias infra-especificas. Nós também encontramos coleções que provavelmente tratam-se de novos táxons, mas que no entanto necessitam estudos mais detalhados ou material mais completo para possiblitar sua descrição.

Nota-se a desproporcionalidade entre o conhecimento da flora bahiana e os demais estados do Nordeste do Brasil, e concluímos que é necessário estabelecer planos de coleta intensiva em áreas prioritárias de todos os estados do Nordeste, cobrindo diferentes épocas do ano (ver

Mapa 1). Também é importante incrementar o intercâmbio de espécimes existentes nesses estados. A inclusão do Maranhão teria sido certamente importante para enriquecer o conhecimento da flora ciperológica e, consequentemente, da flora nordestina. Infelizmente, existem pouquíssimas coletas feitas no Maranhão disponíveis no herbário de Kew.

Capacitação de pessoal para obtenção de coleções completas. Neste interim, as coleções precisam ser mais frequentes, observando as diferenças estacionais bem como alterações climatológicas. A dificuldade na interpretação da morfologia, os desafios taxonomicos e nomenclaturais podem ser a razão pela qual esta familia ainda carece de especialistas. Conséquentemente, a falta de mais interessados na região diminui o interesse nas coletas e, como resultado, a familia nao tem sido devidamente representada nos trabalhos anteriores.

Complementar os dados aqui presentes com os dados das coleções nordestinas seria de inestimável valor para o conhecimento das Cyperaceae nordestinas.

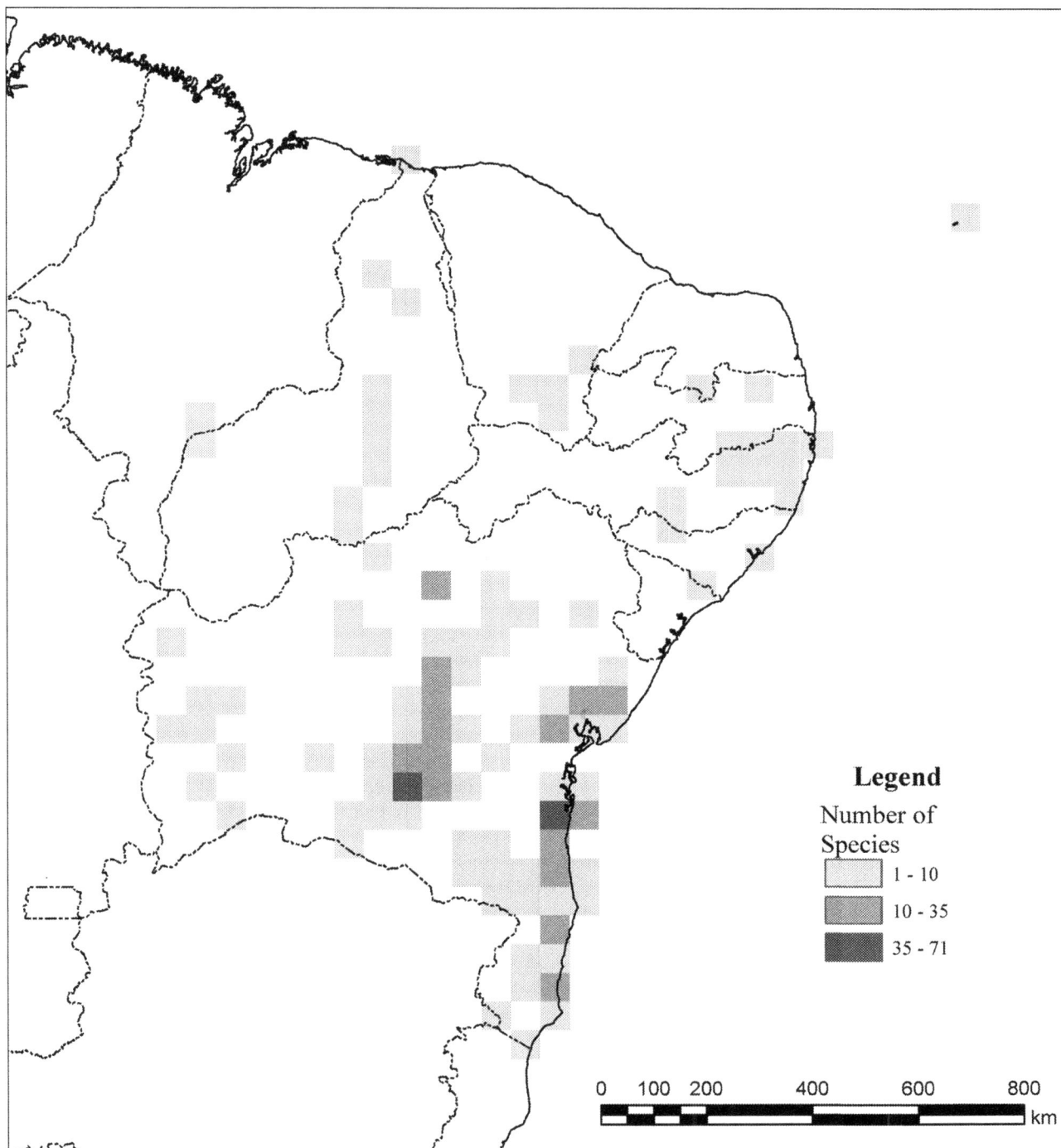

Mapa 1/Map 1. Mapa da densidade de espécies de Cyperaceae no Nordeste do Brasil usando a coleção do Herbário de Kew. Species density map of Cyperaceae in Northeastern Brazil using Kew's collections.

Bibliografia/References

ADAMS, C.D. 1994. Cyperaceae Juss. **In**: G. Davidse, M. Sousa S. & A.O. Chater (eds.), Flora Mesoamericana, 6:404—422. Universidad Nacional Autónoma de Mexico, Mexico, D.F.

ALVES, M.V. 2003. ***Hypolytrum* Rich. (Cyperaceae) nos Neotrópicos.** Tese de doutorado, Universidade de Sao Paulo, Brasil.

ARAUJO, A.C. 2001. **Revisão de *Rhynchospora* Vahl sect. *Pluriflorae* Kuk. (Cyperaceae).** Tese de doutorado, Universidade de Sao Paulo, Brasil.

ARAUJO, A.C., WAGNER, H.M.L. & THOMAS, W.W. 2003. New unicapitate species of *Rhynchospora* (Cyperaceae) from South America. Brittonia, 55(1): 30–36.

ARAUJO, A.C., THOMAS, W.W. & WAGNER, H.M.L. 2004. Two new species and two new combinations in *Rhynchospora* sect. *Pluriflorae*. Novon 14(1): 06–11.

BARBOSA, M. R. V.; MAYO, S. J.; CASTRO, A. A. J. F.; FREITAS. G. L.; PEREIRA, M. S.; GADELHA N., P.C.; MOREIRA, H. M. 1996. Checklist preliminar das angiospermas. In Sampaio, E. V. S. B., Mayo, S. & Barbosa, M. R. V. (Eds.) Pesquisa Botânica Nordestina: Progresso e Perspectivas. Soc. Bot. Brasil, S. Reg. Pernambuco, Editora Universitária: 253–415.

BRITTON, N.L. 1885. **A Revision of the North American species of the genus *Scleria*.** Ann. N.Y. Acad. Sci. 3, pp. 228–37.

BRUMMITT, N.A & BRUMMITT, R.K. (In prep.) Distributions of Vascular Plant Families and Genera. Royal Botanic Gardens, Kew.

CAMELBEKE, K. 1999. **Catalogue of the vascular plants of Ecuador = Catalogo de las plantas vasculares del Ecuador.** Saint Louis: Missouri Botanical Gardens (P. M. Jorgensen & S. León-Yánez, eds.1181p

————— 2002. **Morphology and taxonomy of the genus *Scleria* (Cyperaceae) in Tropical South America.** Doctoral thesis, Universiteit Gent, Belgium.

CHERMEZON, M.H. 1919. Revision des Cyperacees de Madagascar – Parte I. Paris, Librairie Challamel. 180p.

FIGUEIREDO, M.A. & LIMA-VERDE, L.W. 1999. Caatingas e carrasco, comuniades xerófilas no nordeste do Brasil. In: I WORKSHOP PLANTAS DO NORDESTE. In Araújo, F.D., Prendergast, H.D.V. & Mayo, S.J. (eds.), **Anais do I Workshop Geral Plantas do Nordeste, pp.** 33–41.

GIULIETTI, A.M., HARLEY, R.M., QUEIROZ, L.P. BARBOSA, M.R.V., BOCAGE NETA, A.L. & FIGUEIREDO, M.A. (2002). Espécies endemicas da caatinga. **In**: E.V.S.B. Sampaio, A.M. Giulietti, J. Virginio & C.F.L. Gamarra-Rojas (eds.) Vegetação e Flora da Caatinga: 103–118.

GUAGLIANONE, E.R. 1979. Sobre *Rhynchospora rugosa* (Vahl) Gale (Cyperaceae) y algunas especies afines. Darwiniana 22(1–3): 255–311.

GUEDES, M.L.; HARLEY, R. M.; GIULIETTI, A.M.; CARVALHO, A.M.; BATISTA, P.; MELO, E. & FUNCH R. 1999. Diversidade florística e distribuição das plantas da Chapada Diamantina – BA. In Araújo, F.D.,

Prendergast, H.D.V. & Mayo, S.J. (eds.), **Anais do I Workshop Geral Plantas do Nordeste, pp.** 76–88.

HARLEY, R. M. & GIULIETTI, A.M. 2004. **Willd flowers of the Chapada Diamantina**. São Carlos: RiMa. 344p.

KEARNS, D..M. Cyperaceae Juss. **In**: J.A. Steyermark, P.E. Berry & B.K. Holst (eds.), Flora Mesoamericana, 6: 404–422.

KOYAMA, T. 1972. Cyperaceae - Rhynchosporae and Cladieae. Mem. New York Bot. Gard. 23: 23–89.

KRAL, R. & STRONG, M.T. 1999. Eight novelties in *Abildgaardia* and *Bulbostylis* (Cyperaceae) from South America. Sida 18 (3): 837 – 859.

LIMA, J.L.S.; CAVALCANTI, N.B.; LIMA, E.R.; CARVALHO, K.M.; ORESOTU, B.A. & OLIVEIRA, C.A.V. 1999. Levantamento fitoecológico do município de Petrolina – PE. In: I WORKSHOP PLANTAS DO NORDESTE. In Araújo, F.D., Prendergast, H.D.V. & Mayo, S.J. (eds.), **Anais do I Workshop Geral Plantas do Nordeste, pp.** 33–41.

LOWE, J. & STANFIELD, D.P. 1974. The flora of Nigeria – SEDGES (Family Cyperaceae). Ibadan, Ibadan University Press. 144p.

PENNINGTON, R.T.; PRADO, D.E.; & PENDRY, C.A. 2000. Neotropical seasonally dry forest and Quaternary vegetation changes. **J. Biogeography** 27: 261–273.

PRADO, D.E. 1993. What is the Gran Chaco vegetation in South America? I. A review. Contribution to the study of flora and vegetation of the Chaco, V. **Candollea** 48(1): 145172.

PRADO, D.E. & GIBBS P.E. 1993. Patterns of species distributions in the dry seasonal forests of South America. **Ann. Missouri Bot. Gard.** 80: 902–927.

ROBINSON, E.A. 1964. Notes on Scleria: iii. Scleria hirtella Sw. and some allied species: a transatlantic group. **Kirkia** 4: 175–184.

NOGUEIRA, E. 2000. **Uma história brasileira da Botânica**. Brasília: Paralelo 15. 256p.

RAYNAL, J. 1971. Répartition géographique des Rhynchospora africains et malgaches. **Mitt. Bot. Staatssamml.** 10: 135–148.

ROCHA E.A. & LUCEÑO M. 2002. Estudo taxonômico de *Rhynchospora* Vahl sect. *Tenues* (Cyperaceae) no Brasil. **Hoehnea** 29(3): 189–214.

ROBINSON, E.A. 1964. Notes on *Scleria*: III. *Scleria hirtella* Sw. and some allied species: a transatlantic group. **Kirkia** 4: 175–184.

SALES, M.F., MAYO, S.J., RODAL, M.J.N. 1998. **Plantas Vasculares das Florestas Serranas de Pernambuco: Um Checklist da Flora Ameaçada dos Brejos de Altitude, Pernambuco, Brasil.** Universidade Federal Rural de Pernambuco, Imprensa Universitária - UFRPE, Recife, 130 pp.

SIMPSON, D.A., FURNESS C.A., HODKINSON T.R., MUTHAMA MUASYA, A. & CHASE, M.W. 2003. Phylogenetic relationships in Cyperaceae subfamily Mapanioideae inferred from pollen and plastid DNA sequence data. **Am J. Bot.** 90: 1071–1086.

SMITH, N.; MORI, S.A.; HENDERSON, A.; STEVENSON, D.Wm. & HEALD, S.V. 2004. **Flowering plants of the Neotropics**. The New York Botanical Garden Press. 594.

STANNARD, B. 1995. **Flora of the Pico das Almas – Chapada Diamantina, Brazil**. Royal Botanic Gardens, Kew. 853 p.

THOMAS, W.W. 1984. The systematics of *Rhynchospora* sect. *Dichromena*. **Memoirs of the New York Botanical Garden**, 37: 1–116

————— 1996. Notas on capitate Venezuelan *Rhynchospora* (Cyperaceae). **Britonia**, 48(4): 481–486.

————— 2004. Cyperaceae. **In**: Flowering plants of the Neotropics, Smith, N.; Mori, S.A.; Henderson, A.; Stevenson, D.Wm. & Heald, S.V.(eds.). New York: The New York Botanical Garden Press: 434–436.

THOMAS W.W & ALVES, M. (in Press). A revision of the genus *Pleurostachys* (Cyperaceae): Preliminary results. **In** R. Naczi (ed.) Proceedings of "Sedges 2002: International Conference on Uses, Diversity and Sistematics of Cyperaceae". Missouri. Botanical Gardens.

TUCKER, G.C. 1994. Revision of the Mexican species of *Cyperus* (Cyperaceae). **Syst. Bot. Monographs** 43: 1–213.

————— 1998. Cyperaceae. **In**: Flora of the Venezuela Guayana (Steyermark, J.A., Berry, P.E., Holst, B.K. eds.). Saint Louis, Missouri Botanical Garden Press, v. 4: 523 – 541.

ZAPPI, D.; LUCAS, E., STANNARD, B., NIC LUGHADHA, E., PIRANI, J.R., QUEIROZ, L.P., ATKINS, S., HIND, D.J.N., GIULIETTI, A.M., HARLEY, R., CARVALHO, A.M. 2003. Lista das plantas vasculares de Catolés, Chapada Diamantina, Brasil. **Bol. Bot. Univ. São Paulo** 21(2): 345–398.

Preliminary List of the **Cyperaceae** in Northeastern Brazil

(Repatriation of Kew Herbarium data for the Flora of Northeastern Brazil Series, vol. 3)

Ana Claudia Araújo[1]

Edgley A. César[2]

David Simpson[3]

Collaborating Institutions:

Royal Botanic Gardens, Kew

Universidade Estadual de Feira de Santana (HUEFS), Bahia, Brazil

Centro de Pesquisas do Cacau (CEPEC), Itabuna, Bahia, Brazil

Empresa Pernambucana de Pesquisa Agropecuária (IPA), Recife, Pernambuco, Brazil

Centro Nordestino de Informações sobre Plantas (CNIP), Recife, Pernambuco, Brazil

Universidade do Vale do Itajaí, Santa Catarina, Brazil

Series editor: D. Zappi[3]

[1] Universidade Federal do Rio Grande do Sul, Av. Bento Gonçalves 9.500, Bloco IV, 434333, Campos do Vale, Agronomia, CEP 91501-970 - Porto Alegre (RS), Brasil

[2] Universidade Federal da Paraíba, Brazil

[3] Herbarium, Royal Botanic Gardens, Kew, Richmond, Surrey, TW9 3AB, United Kingdom

Foreword

In the semi-arid Northeast of Brazil, Cyperaceae are not the first plant family that comes to mind. Nevertheless, the family is surprisingly well-represented in a diversity of ecosystems found in this huge region, including humid tropical forest, restingas, campos rupestres, streams and ponds, and even in the caatinga. In working towards a flora of this region, checklists and local floras are critical stepping stones. Harley and Mayo's (1980) "Towards a Checklist of the Flora of Bahia" lists 101 species of Cyperaceae, with cited herbarium specimens. In the first checklist of the flora of the Northeast, the "Checklist Preliminar das Angiospermas," Barbosa et al. (1996) compiled a list of 169 species of Cyperaceae based on literature citations. In 2006, Barbosa et al. published an updated version of the checklist compiled from all sources, "Checklist das Plantas do Nordeste Brasileiro: Angiospermas e Gymnospermas," in which the number of Cyperaceae species treated rises to 265.

This publication, based on the specimens of a single herbarium, comprises 190 species and has the added value of having each of the names based on cited specimens in the Kew herbarium. These accurately identified specimens, available in this publication and online, as well as those available through other herbaria and their web sites, will be the keystones to a flora of Northeast Brazil.

Wm. Wayt Thomas
The New York Botanical Garden
Bronx, NY 10458-5126, USA

Barbosa, M. R. V.; Sothers, C.; Mayo, Simon; Gamarra-Rojas, C. F. L.; Mesquita, A. C. (Organizers). Checklist das Plantas do Nordeste Brasileiro: Angiospermas e Gymnospermas. Brasília: Ministério de Ciência e Tecnologia, 2006. v. 1. 144 p.

Barbosa, M. R. V., S. J. Mayo, A. A. J. F. de Castro, G. L. de Freitas, M. do S. Pereira, P. da C. Gadelha Neto, and H. M. Moreira. 1996. Checklist preliminar das angiospermas. Pages 253-415, in: E. V. S. B. Sampaio, S. J. Mayo, and M. R. V. Barbosa (eds.), Pesquisa Botânica Nordestina: Progresso e Perspectivas. Sociedade Botânica do Brasil, Seção Regional de Pernambuco, Recife, PE, Brazil.

Harley, R. M. and S. J. Mayo. 1980. Towards a Checklist of the Flora of Bahia. Royal Botanic Gardens, Kew, U.K.

Acknowledgements

We would like to thank the Principal of the Universidade do Vale Itajaí (Dr José Roberto Provesi), for the sabbatical given to Ana Cláudia Araújo from September to December 2003, during which she participated in the repatriation project identifying specimens of Cyperaceae; to Dra Maria Regina Vasconcelos Barbosa for the secondment of Edgley César to digitise Cyperaceae; all the Tropical America Regional team, who supported both Ana Cláudia and Edgley in so many ways; Nicholas Hind, Simon Mayo and Brian Stannard for assistance with interpretation of handwriting, pin-pointing localities and accessing relevant bibliography, Nicky Biggs for ensuring the safety of the data produced and for making them available to Kew's repatriation website; and British American Tobacco who sponsored this project from 2001 to 2005.

Summary

The present list is the third volume of the series *Repatriation of Kew Herbarium Data for the Flora of Northeastern Brazil* series. Of the 1392 specimens found, many have been determined by specialists, while others were identified using recent monographs and revisions, or through comparison with type specimens, to ensure the best possible standard of naming. The names found on the Kew specimens follow the latest literature. Naming on other collections may be out of date. Therefore we advise users to access the on-line list for Northeastern Brazil at the Centro Nordestino de Informações sobre Plantas/Associação Plantas do Nordeste (**www.cnip.org.br**) to update their names. The present list was produced using only material deposited at Kew, and, while the collection coverage for Bahia is adequate, especially from the many Anglo-Brazilian expeditions between 1970 and 1990, the remaining states of Northeastern Brazil are relatively poorly represented. This list comprises 24 genera and 190 species, listed alphabetically and organized by state, locality, collector and collection number. An alphabetical list of collectors and collection numbers is presented at the end, to make it easier to identify duplicates from other collections. An interactive version of the database that underpins the list is available at: (**http://www.rbgkew.org.uk/data/repatbr/homepage.html**), together with scanned images of all type specimens of Cyperaceae from Northeastern Brazil deposited at Kew. Printed copies of the images has also been added to the collections of three Northeastern Brazil herbaria (CEPEC, IPA and HUEFS) and one extra copy has been given to the specialist.

Introduction

Recent floristic studies in the neotropics have placed Cyperaceae within the top 10 plant families in terms of species richness, the seventh largest family amongst the Angiosperms and third largest in the Monocotyledons (Thomas, 1984, 2004; Adams, 1994; Kearns *et al.*1998; Smith *et al.* 2004). This family is also species rich in Northeastern Brazil, being amongst the five main plant families occurring in the open vegetation in this region (Harley & Giulietti, 2004). Two centres of diversity are known for the family, one in Central America (Raynal, 1971; Koyama 1972) and another in Northern South America, the latter especially for the genera *Lagenocarpus* Nees *Pleurostachys* Brongn. and *Rhynchospora* Vahl (Raynal, 1971; Koyama 1972; Araujo, 2001; Thomas & Alves, in press).

Cyperaceae are herbaceous monocots, rarely lignified at the base, forming dense populations in open, humid environments. The majority of the species occur in wet or swampy soil, but there are many species typical of arid or semi-arid regions and some taxa, such as *Mapania, Pleurostachys* and *Scleria*, are typical of forest vegetation (Adams, 1994; Kearns *et al.*1998; Camelbecke, 2002; Simpson, 2003; Thomas & Alves, in press).

Northeastern Brazil includes several different vegetation types : cerrado, caatinga, campo rupestre and atlantic forest, as well as ecotonal areas between these. Some of these intermediate vegetation types have specific names, such as 'carrasco', an ecotone between cerrado and caatinga (Zappi *et al.* 2003), or 'brejos', which are nebular forests in highlands in inner Pernambuco and Paraíba, where elements from Atlantic Forest and Amazon Forest are found (Sales *et al.* 1998).

Transitional areas, where the vegetation type is not clearly defined, are not only the result of vegetation 'enclaves' (Fernaneds 2000) but also the result of the influence of climatic and edafic factors. What we see today is a landscape resulting from the expansion/retraction of vegetation during several glacial periods (Ab'Saber, 1977; Ratter *et al.* 1988). According to Pennington *et al.* (2000) the paleoclimatic changes of these times influenced the distribution pattern of many species, forming a pattern decribed as 'Pleistocen Arch'. It is proposed that this influenced species richness in Eastern Brazil through migration of vegetation from the south northwards during glacial eras. Pennington *et al.* (2000) suggest that gallery forests in cerrado present species that occur in both the Amazon forest as well as Atlantic forest, contributing to the expansion of their populations.

There is also a high number of endemics and new species in open habitats such as the cerrado, campo rupestre and the caatinga (Stannard, 1995; Lima *et al.* 1999; Guedes *et al.* 1999; Figueiredo & Lima-Verde 1999; Giulietti *et al.* 2002; Harley & Giulietti, 2004). According to Giulietti *et al.* (2002), contrary to what was expected, the caatinga presents considerable diversity, with a high number of endemic species.

Northeastern Brazil has a very rich Cyperaceae flora. It includes species that are widely distributed in the Neotropics, some that reach temperate regions and narrow endemics adapted to a particular climate and landscape that form different microhabitats in the region (Lewis 1987). There are also phytogeographical connections between the Campos rupestres in the Serra do Espinhaço with the coastal vegetation called Restinga, with some species having disjunct distribution patterns between the two vegetation types (Lewis 1987, Giulietti & Pirani 1988).

The number of widely distributed species in Cyperaceae in Brazil seems to be larger than the number of endemics. Species found in Cerrado occur from Northeastern to Southeastern or Southern Brazil, while species adapted to the amazonian 'campinaranas' spread through the Colombian and Venezuelan 'sabanetas'. Some taxa, such as *Rhynchospora consanguinea*, show disjunct patterns. This species occurs in South American cerrado and in Mexican savanna, but not in other countries of Central America (Araújo 2001). Endemism has been reported in *Hypolytrum* and *Rhynchospora*, such as *H. jardimii* Alves & Thomas (Alves 2003) and *R. calderana* (Giulietti *et al.* 2002).

Unfortunately most of the studies cited above focus on woody taxa. However, recent studies have demonstrated considerable species richness and diversity in Cyperaceae, including new records for this region (Araújo *et al.* 2002, 2003; Alves, 2003; Prata, 2004; Vitta, 2005; Thomas & Alves, in press).

Because of its particular morphology, specialized terminology and of the relatively small number of specialists working on the family, identification of Cyperaceae can be challenging. This study had, as its main objective, the preparation of a list of the collections housed at Kew, making available information about the flora of Northeastern Brazil, with correct and updated determinations, as well as type specimens properly annotated and and relevant taxonomic information about the material found.

Materials and Methods

Study area and parameters for the project

For this project we include in Northeastern Brazil the states of Piauí, Ceará, Rio Grande do Norte, Paraíba, Pernambuco, Sergipe, Alagoas and Bahia, which together form the '*caatingas dominium*' phytogeographical region. The state of Maranhão was not included as it is not part of the '*caatingas dominium*', and has vegetation more related to that of Amazonia. The list provided by CNIP/APNE (**www.cnip.org.br**) includes Maranhão. The results presented here were obtained following parameters adopted by Zappi & Nunes (2002).

Methods

Edgley César selected all Cyperaceae collected in the area circumscribed above, including type material, following the generic database prepared by Brummitt & Brummitt (in prep.). Following revision and updating of determinations (see below) all specimens were recorded in a database. For names relating to type material found at Kew, protologues were located and copied by the Library at Kew. Finally the type specimens were scanned and the printed images, together with the copies of the protologues, were organized as repatriation packages to be sent to the partner herbaria at CEPEC, IPA and HUEFS.

The resulting database went through an authority revision, and was used to generate the checklist to form the main part of this work.

The identification of specimens and checking of determinations were carried by Ana Cláudia Araújo, who also reviewed the status of the type collections. Identification was carried out using the available literature (protologues, taxonomic revisions and recent Floras) together with the IPNI (**www.ipni.org**) and TROPICOS (**www.tropicos.mobot.org**) websites. Specialists in different genera were also consulted (A.P. Prata for *Bulbostylis*, M.A. Alves for *Hypolytrum*, F.A. Vitta for *Lagenocarpus* and W.W. Thomas for *Pleurostachys* and *Rhynchospora* Vahl) and their participation was key to increasing the quality of the naming used throughout this list.

During the revision it was possible to clarify the identity of many specimens. However, some collections could not be fully determined, and we used **cf**. or **aff**. to indicate this. The abbreviation **cf**. was used when a specimen might belong to certain taxon but it was not possible to be absolutely certain. These were normally incomplete collections or immature material. The use of **aff.** was restricted to collections superficially similar to a determined taxon, but probably belonging to a new or unknown species.

Type material was identified with a specific label, transcribing information from the labels and adding information relative to the species to which the type specimen was associated. A type specimen is deposited together with the accepted name for a given species but this information is not clear or even present on the image of the specimen, and often in historic material the label data are not easily readable.

This careful revision made it possible to investigate the origin of important historic material, identify type material that was not marked as such and annotate collections that were wrongly referred to as type specimens in the Kew Herbarium.

Results

The database comprises 1302 specimens of Cyperaceae from Northeastern Brazil, representing 190 species in 24 genera; 58 type specimens, corresponding to 51 names, were found.

Of the 24 genera represented in Northeastern Brazil, 13 have species that have recently been described with types at Kew.

Bahia is the state with largest number of type specimens (32), which are in the genera *Cyperus* (10 spp), *Eleocharis* (9 spp), *Rhynchospora* (7 spp) and *Scleria* (6 spp). Bahia also has the largest number of species (185) followed by Pernambuco (51) and Piauí (29). Rio Grande do Norte and Sergipe had one record each. See Map 1.

In Northeastern Brazil the most frequent species, as represented by herbarium specimens, are: *Bulbostylis jacobinae* Lindm., *Pycreus polystachyos* (Rottb.) P. Beauv. and *Rhynchospora contracta* (Nees) J. Raynal, occurring in four different states. Also commonly collected both in Northeastern Brazil and in the rest of the country, were *Bulbostylis capillaris* (L.) C.B. Clarke, *Cyperus aggregatus* (Willd.) Endl., *C. haspan* L., *C. rotundus* L., *Eleocharis geniculata* (L.) Roem. & Schult., *Rhynchospora cephalotes* (L.) Vahl, *R. exaltata* Kunth, *R. globosa* (Kunth) Roem. & Schult. and *Scleria bracteata* Cav. The three most important collectors of Cyperaceae in Northeastern Brazil in the last few decades are: Raymond M. Harley (K), Scott Mori (NY) and André M. Carvalho (CEPEC). The largest historic collections are those of Salzmann (62 records) and G. Gardner (50 records).

Discussion

Although perceived as an important component in the neotropical flora (Adams, 1994; Kearns *et al.*1998, Simpson *et al.* 2003), Cyperaceae appear in relatively low numbers in the available lists for Northeastern Brazil, occupying positions between 9 and 11 within the 15 families with largest number of species in such studies (Stannard *et al.* 1995, Barbosa *et al.* 1996, Zappi 2003).

Amongst the above-mentioned lists, some were floristic studies covering limited areas (Stannard *et al.* 1995, Zappi 2003), while Barbosa *et al.* (1996) presented a complete list of the flora of Northeastern Brazil, based on a literature search.

Studies based on herbarium collections and intensive field work have a relatively large number of records of Cyperaceae (Stannard *et al.* 1995), but this does not reflect the real position of the family within the

family	species
Leguminosae	850
Compositae	450
Gramineae	442
Rubiaceae	249
Cyperaceae	190
Orchidaceae	180
Myrtaceae	175
Verbenaceae	129
Cactaceae	100
Eriocaulaceae	97
Bromeliaceae	99
Araceae	63
Polygalaceae	54
Loranthaceae	44
Passifloraceae	25
Viscaceae	20

Table 1. Number of species in the families studied during the Repatriation Project.

neotropical flora, or in floristic studies in South America (Camelbeke 1999). It is worth recording that, with 191 species, Cyperaceae appear in fifth place with relation to other families repatriated during the Repatriation of Herbarium Data to Northeastern Brazil project (see Table 1). However, it is important to be aware of the fact that Table 1 reflects the availability of herbarium specimens at Kew and not the absolute species richness in the region. It also underlines the fact that collection availability is not uniform amongst the families studied, depending on historic and legislation factors (e.g. CITES and Orchidaceae).

The representation of Cyperaceae in previous studies is also linked to the vegetation type studied. In open vegetation and even in forest margins, the presence of Cyperaceae is more likely, while in forests we would expect to find less species.

On the other hand, there are genera that typically occur in forests but are often not very well represented in such vegetation. In a list based on material collected in 'brejos' of Pernambuco, Sales *et al.* (1998) recorded only two species of *Becquerelia* and three of *Scleria*, when it might be expected that a larger number of species, at least for *Scleria*, would be present, as well as other genera that occur in forest, such as *Hypolytrum* and *Pleurostachys*. It is worth mentioning that taxa from wetlands, marshes, lagoons and flooded places are not commonly recorded. Such taxa include *Ascolepis, Eleocharis, Fuirena* and *Lipocarpha*. These are well represented in the present list, though seldom mentioned within previous lists (Stannard *et al.* 1995, Barbosa *et al.* 1996, Sales *et al.* 1998, Zappi *et al.* 2003).

The difference between the number of species found in the present list when compared to previous ones (Stannard *et al.* 1995, Barbosa *et al.* 1996, Sales *et al.* 1998, Zappi *et al.* 2003) shows its importance in contributing to knowledge about Cyperaceae in Northeastern Brazil, where a large collection of specimens gathered over 200 years was used. Map 2 shows that the highest species density occurs in the mountains of the Chapada Diamantina in the state of Bahia.

The present work indicates that forest vegetation, such as the Amazon forest, does not function as an absolute barrier for the expansion of open-vegetation species, as these occur in extra-Brazilian savannas as well as in the cerrado and campo rupestre in Brazil, for example *R. armerioides* and *R. globosa*, that are widely distributed in South and Central America (Araujo, in prep.). Gallery forests also function as corridors between the Amazon and the Atlantic forest for some species of forest distribution, such as *Hypolytrum pulchrum*, which occurs in the Guayana Shield and in Northeastern Brazil. Certainly, many other forest species of Cyperaceae follow these corridors and establish in different areas dominated by cerrado and/or caatinga, depending to their tolerance to environmental factors.

Different habitats within Northeastern Brazil have endemic species of Cyperaceae such as *Abildgaardia papillosa* (Kral & Strong 1999), *Hypolytrum bahiense, H. bullatum, H. amorimii, H. jardimii,* (Alves 2003), and *Rhynchospora calderana* (Giulietti *et al.* 2002). The present study also underlines as endemic the following taxa: *Cyperus brumadoi, Eleocharis bahiensis, E. morroi, E. olivaceonux, E. rugosa* and *Lagenocarpus compactus.* Examples of species endemic to the Cadeia do Espinhaço including both Bahia and Minas Gerais states are: *Cyperus subcastaneus, Lagenocarpus claussenii* and *L. griseus. Rhynchospora almensis,* formerly referred as endemic (Simpson, 1995) has been recorded in Mato Grosso state. There are many examples of species endemic to cerrado and campo rupestre that are not limited to Northeastern Brazil but reach other neighbouring states, such as *Eleocharis almensis* and *Scleria atroglumis.*

On the other hand, new species in *Bulbostylis* have been described for the cerrado in Minas Gerais and Goiás states, some occurring in Mato Grosso. It is possible that such species may occur in the cerrados of western Bahia.

It is probable that the inclusion of Maranhão state in the present work could have resulted in an increase of records of species that occur in forests and the final number of species for Northeastern Brazil would perhaps have been higher. However, Kew's collections from that state are very few and would not reflect the real plant diversity of that state.

Of the 24 genera recorded in this list, four are typical of forest vegetation: *Becquerelia, Hypolytrum, Pleurostachys* and *Scleria,* as well as forest dwelling species of *Cyperus* and *Rhynchospora* which are otherwise more expressive in open vegetation. *Becquerelia* is represented by only two species in Northeastern Brazil, namely *B. cymosa,* with a wide neotropical distribution, and *B. clarkei,* known only from Bahia.

Pleurostachys gaudichaudii, the only representative of the genus in the region deposited at Kew, is found from Northern Brazil throughout the Atlantic forest, reaching the Southern Brazil. Recent studies have found seven other species in Bahia, of which four are new to science, as well as *P. foliosa, P. macrantha* and *P. stricta* (W. Thomas & M. Alves, in press). In the state of Pernambuco there is a single species, *P. puberula* Kunth (*M. Alves et al. 235-95* - UFP), which is not at Kew. It is possible that some of these species reach other states in Northeastern Brazil apart from Bahia.

Scleria is found mainly within forests, but species belonging to sect. *Hypoporum,* that occur in open vegetation, have a similar morphology and are consequently difficult to identify (Britton, 1885; Robinson, E.A. 1964; Camelbecke, 2002).

Amongst the species distributed in open vegetation, *S. distans* has the largest number of collections at Kew, with a disjunct distribution between the Neotropics and Western Africa. The small number of collections of *S. hirtella,* with records only for Bahia and Piauí, contrasts with its otherwise wide occurrence in Brazil, where it reaches Southern Brazil's pampas grasslands. *Scleria hirtella* also has disjunct distribution between Brazil and Africa. *Scleria interrupta,* formerly known only from Central America, has now been recorded for Northeastern Brazil.

Amongst forest dwelling *Scleria* species, the best represented are *S. bracteata, S. latifolia, S. melaleuca* and *S. scabra. Scleria secans* is a sun-loving plant, that often occurs in disturbed forest. *Scleria macrogyne* and *S. plusiophylla* are probably uncommon in Northeastern Brazil. However, the Bahian endemic *S. atroglumis* is known only from the type material and one further collection made in 1988.

Eleocharis typically grows in waterlogged soil and is well represented in the region. However, the lack of detailed studies of the genus allied to the difficulty in finding useful taxonomic characters to differentiate species has made precise identification nearly impossible in some cases. Several collections need to be studied further and it is possible that new species restricted to Northeastern Brazil will be found amongst them. The most frequently collected species are *E. geniculata, E. filiculmis, E. minima* and *E. mutata.* Widely distributed in the region are *Eleocharis almensis, E. bahiensis* and *E. eglerioides.* Species within *Eleocharis* are difficult to distinguish, pointing to the need for detailed morphological studies and a taxonomic revision for the genus.

Rhynchospora is one of the largest genera in the family and is well represented in Brazil. Species that occur widely in Northeastern Brazil are *Rhynchospora cephalotes, R. consanguinea* and *R. nervosa* which are typically found in cerrado. *R. globosa, R. holoschoenoides, R. rugosa* and *R. tenuis,* occur in campo rupestre as well as cerrado. *Rhynchospora cephalotes* and *R. exaltata* are common in forest edges or woody cerrado; the former is much more common in Northeastern Brazil than the latter, which is more widespread in southern Brasil. There are also many species complexes within *Rhynchospora* and often the limits between taxa are ill-defined, expecially within *Rhynchospora* sects *Rugosae* and *Tenuae.* Both sections have been revised (Guaglianone 1979; Rocha & Luceño 2002), but the wide variation within species such as *R. tenuis* and *R. rugosa,* especially within the Cadeia do Espinhaço mountain range, continues to present a challenge to taxonomists.

The *Cyperus* species well represented in Northeastern Brazil are *C. articulatus* and *C. haspan,* which occur in three states, and are both widely distributed, occurring from North America to southern South America. The absence of records of these species in the other states of the Northeastern Brazil is, in our opinion, a reflection of the need for more intensive collecting effort for Cyperaceae in the region, as well as a better exchange of material between Brazilian and international herbaria. *Cyperus haspan* is typical of wet, waterlogged, sandy soils, occurring in flooded lowlands within the cerrado and also near the sea, in lagoons within the restinga. *Cyperus articulatus* is mainly distributed near streams and river margins.

Species that have been collected less often were also of interest. In Kew we found a single collection of *Cyperus gardneri* (*Gardner* 1213 – type), although Tucker (1988) considered this species to be widely distributed in Latin America, occurring from Cuba to Argentina, in humid, waterlogged soil. The absence of other collections of this species in Northeastern Brazil may mean that its germination and establishment is only occasional, and dependent on the very irregular rains characteristic of this region. *Cyperus mayenianus*, on the other hand, is widely distributed in Southern South America, and its occurrence in Bahia may represent its northern limit within the Neotropics. *Cyperus sphacelatus* Rottb. was recorded for Bahia at Kew, but also occurs in Mexico (Tucker 1994), Central and South America (reaching Bolivia; Adams 1994), and in Africa (Lowe & Stanfield 1974, Adams 1994). Seemingly latitude 20°S is the southern limit of this species. Therefore Bahia represents the southern limit for this species within Brazil. Finally, *Cyperus maritimus* has a single record so far in Northeastern Brazil, but it occurs in Nigeria and Madagascar (Chermezon 1919; Lowe & Stanfield 1974). Such disjunction has been seen in other taxa, for example *Mapania sylvatica* (Simpson, 1992), and supports the hypothesis of a former connection between the floras of Eastern Brazil and Western Africa.

The large majority of *Cyperus* taxa found are introduced, invasive species. It is important to pay particular attention to collecting species of this genus in less disturbed areas, to reach a real assessment of the species that occur in Northeastern Brazil and their distribution.

Conclusion

While studying the collections deposited at Kew (K), the need to develop in-depth studies of the morphology and taxonomy of Cyperaceae became clear. We encountered many problems in the delimitation of variable or morphologically similar species and the recognition of infraspecific taxa. We also came across collections that possibly represent new species but need further studies or more complete material in order to be described.

We have noticed the strong bias towards collections from Bahia when compared with the other states of Northeastern Brazil, and conclude that it is necessary to establish intensive collecting plans in priority areas of all states of the Northeast, covering different seasons (see Map 1). It is also important to widen the exchange of specimens already collected within those states. The inclusion of the state of Maranhão would have been important to enrich our knowledge of Cyperaceae and consequently of Northeastern Brazil's flora as a whole. Unfortunately there are very few collections from that state available at Kew.

The need to train students to collect complete, useful material of Cyperaceae is also recognized. Collections need to be made more frequently, taking into account the seasonality of many of the species. Difficulties in the interpretation of morphology and the taxonomic challenges presented by this family may be the reason why the family does not have many specialists, and this affects the interest in specific collections, resulting under-representation of the family in floristic work in the region.

The amalgamation of the data presented here with data from material in Brazilian herbaria would help further our knowledge of Cyperaceae from Northeastern Brazil.

Lista da Família Cyperaceae

Abildgaardia baeothryon St. Hill.
Bahia
Alcobaça: On the coast road between Alcobaça and Prado, 7km NW of Alcobaça and 1km N along road from the Rio Itanhentinga 15/01/1977, Harley, R.M. et al. 17972.
Alcobaça: BA-001, 5km ao Sul de Alcobaça 17/03/1978, Mori, S.A. et al. 9608.
Andaraí: South of Andaraí, 16km along road to Mucugê near small town of Xique-Xique 14/02/1977, Harley, R.M. et al. 18692.
Camaçari: BA-099 (Estrada do Coco), entre Arempebe e Monte Gordo, Ponto 02 14/07/1983, Pinto, G.C.P. et al. 291.
Canavieiras: 04/1965, Magalhães, M. 19678.
Ilhéus: 1821, Riedel, L. s.n.
Jacobina: Serra da Jacobina, Morro do Cruzeiro 23/12/1984, Silva, R.M. et al. CFCR 7537.
Lençóis: Serra Larga (Serra Larguinha), a Oeste de Lençóis, perto de Caeté-Açu 19/12/1984, Harley, R.M. et al. 7225.
Lençóis: On trail to Barro Branco, 5km N of Lençóis 13/06/1981, Mori, S.A. et al. 14392.
Licínio de Almeida: 12km da cidade em direção a Brejinho as Ametistas, Garimpo 12/03/1994, Roque, N. et al. CFCR 15019.
Maraú: Estrada Ubaitaba-Maraú, km 51 06/01/1982, Carvalho, A.M. et al. 1098.
Maraú: Coastal Zone, near Maraú 16/05/1980, Harley, R.M. et al. 22143.
Morro do Chapéu: Estrada Morro do Chapéu-Jacobina 29/06/1996, Giulietti, A.M. et al. 3264.
Mucugê: Margem da estrada Andaraí-Mucugê, estrada nova, 20km de Mucugê 21/07/1981, Pirani, J.R. et al. CFCR 1637.
Mucugê: 20km from Mucugê on road to Andaraí 14/04/1990, Carvalho, A.M. et al. 3050.
Mucugê: By Rio Cumbuca, 3km S of Mucugê, near site of small dam on road to Cascavel 04/02/1974, Harley, R.M. et al. 15947.
Mucugê: Between 10 and 15km N of Mucugê on road to Andaraí 18/02/1977, Harley, R.M. et al. 18885.
Mucugê: 9km SW of Mucugê, on road from Cascavel 07/02/1974, Harley, R.M. et al. 16101.
Mucugê: 30km na estrada Andaraí-Mucugê. Carvalho, A.M. et al. 2934.
Mucuri: 7km NW de Mucuri 14/09/1978, Mori, S.A. et al. 10502.
Pico das Almas, vale logo abaixo do pico. 20/02/1987, Harley, R.M. et al. 24483.
Porto Seguro: 13km na estrada Porto Seguro-Santa Cruz Cabrália 30/04/1990, Carvalho, A.M. et al. 3124.
Rio de Contas: Cachoeira do Fraga do Rio Brumado, arredores da cidade 24/11/1988, Harley, R.M. et al. 26996.
Rio de Contas: Pico das Almas, Vertente Leste, vale ao Sudoeste do Campo do Queiroz 02/12/1988, Harley, R.M. et al. 26560.
Rio de Contas: Lower NE slopes of the Pico das Almas, 25km WNW of the Vila do Rio de Contas 17/02/1977, Harley, R.M. et al. 19556.
Salvador: Bairro of Itapuã, vicinity of airport, Dois de Julho 23/05/1981, Mori, S.A. et al. 14092.
Santa Cruz Cabrália: 11km S of Santa Cruz Cabrália 17/03/1974, Harley, R.M. et al. 17074.
Santa Cruz Cabrália: 6-7km de Santa Cruz Cabrália na antiga estrada para a Estação Ecológica do Pau-brasil 13/12/1991, Sant'Ana, S.C. et al. 131.
Valença: Ramal à esquerda da rodovia que liga Valença ao Guaibim, com entrada no km 9 11/12/1980, Silva, L.A.M. et al. 1264.
Unloc.: Salzmann, P. s.n., ISOTYPE, Fimbristylis bahiensis Steud..
Paraíba
Santa Rita: 20km do centro de João Pessoa, Usina São João, Tibirizinho. 25/03/1992, Agra, M.F. et al. 1449.

Abildgaardia ovata (N.L.Burm.) Kral
Alagoas
Maceió: 04/1838, Gardner, G. 1438.

Ascolepis brasiliensis (Kunth) C.B.Clarke
Bahia
Correntina: Margem do Rio Corrente nas Sete Ilhas. 09/08/1996, Jardim, J.G. et al. 881.
Rio de Contas: About 2km N of the Vila do Rio de Contas in flood plain of the Rio Brumado. 25/03/1977, Harley, R.M. et al. 19983.
Rio de Contas: Between 2.5 and 5km S of Vila do Rio de Contas on side road to W of the road to Livramento, leading to the Rio Brumado. 28/03/1977, Harley, R.M. et al. 20120.

Becquerelia clarkei T.Koyama
Bahia
Cairu: Rodovia Nilo Peçanha-Cairu, km 4 09/12/1980, Carvalho, A.M. et al. 390.
Estrada de Bom Gosto à Olivença 15/03/1943, Froés, R.L. 19944.
Ilhéus: Road from Olivença to Maruim, 6.1km W of Olivença, forest on N side of road 01/05/1992, Thomas, W.W. et al. 9077.
Una: 20km N along road from Una to Ilhéus 23/01/1977, Harley, R.M. et al. 18179.
Una: ?Ouro Preto. Riedel, L. s.n., ISOTYPE, Hoppia bicolor C.B.Clarke.
Una: Km 35 da rodovia Olivença-Una, próximo à ReBio do Mico-leão, 2km S da entrada 01/06/1981, Hage, J.L. et al. 798.

Becquerelia cymosa Brongn.
Bahia
Santa Cruz Cabrália: 2-3km W de Santa Cruz Cabrália 06/04/1979, Mori, S.A. et al. 11691.

Becquerelia cymosa Brongn. subsp. **cymosa**
Bahia
Área Controle da Caraiba Metais, Ponto 60/001 01/12/1982, Noblick, L.R. et al. 2311.

Barra do Choça: 12km SE of Barra do Choça on the road to Itapetinga 30/03/1977, Harley, R.M. et al. 20171.

Itacaré: 6km SW of Itacaré, on side road S from the main Itacaré-Ubaitaba road, S of the mouth of the Rio de Contas. 29/01/1977, Harley, R.M. et al. 18376.

Maraú: 5km SE of Maraú near junction with road to Campinho 15/05/1980, Harley, R.M. et al. 22079.

Maraú: Coastal Zone, 5km SE of Maraú near junction with road to Campinho 15/05/1980, Harley, R.M. et al. 22079.

Parque Nacional de Monte Pascoal, on the NW side of Monte Pascoal 11/01/1977, Harley, R.M. et al. 17831.

Porto Seguro: Pau-brasil Biological Reserve, 17km W from Porto Seguro on road to Eunápolis 19/03/1974, Harley, R.M. et al. 17170.

Ubaitaba: Ramal a esquerda na estrada Ubaitaba-itacaré, 4km do loteamento da Marambaia 20/11/1991, Amorim, A. et al. 405.

Una: Estrada que liga a BR-101 (São José) com a BA-215, 17km da entrada 17/06/1978, Mori, S.A. et al. 10191.

Una: Reserva Florestal da Estação de Canavieiras (CEPLAC/ESCAN), km 40 da rodovia Una-Santa Luzia 15/10/1987, Santos, E.B. et al. 89.

Becquerelia cymosa subsp. ***merkeliana*** (Nees) T.Koyama
Bahia
Ubaitaba: 20km de Ubaitaba para Maraú 26/04/1965, Magalhaes, M. 19729.

Bolboschoenus maritimus var. ***macrostachys*** (Willd.) J.Soják
Pernambuco
Island of Itamaricá (Itamaracá). 12/1837, Gardner, G. 1205.

Bulbostylis arenaria Lindm.
Bahia
Unloc.: Salzmann, P. s.n..

Bulbostylis barbata (Rottb.) C.B.Clarke
Bahia
Ilhéus: 1824, Riedel, L. s.n.

Bulbostylis cf. ***barbata*** (Rottb.) C.B.Clarke
Bahia
Rio de Contas: Middle NE slopes of the Pico das Almas, 25km WNW of the Vila do Rio de Contas 18/03/1977, Harley, R.M. et al. 19653.

Bulbostylis capillaris (L.) C.B.Clarke
Alagoas
Piaçabuçu: Dry sandy places near village of Piassabussu, Rio St. Francisco. 03/1838, Gardner, G. 1437.
Bahia
Água Quente: Pico das Almas, Vertente Oeste, entre Paramirim das Crioulas e a face NNW do pico. 16/12/1988, Harley, R.M. et al. 27193.

Alcobaça: BA-001, 5km ao Sul de Alcobaça 17/03/1978, Mori, S.A. et al. 9600.

Caetité: 18km da cidade, Santa Luzia 10/03/1994, Souza, V.C. et al. CFCR 5428.

Cairu: Rodovia Nilo Peçanha-Cairu, km 14-18 29/04/1980, Santos, T.S. et al. 3568.

Caravelas: 17km na estrada Caravelas-Nanuque 06/09/1989, Carvalho, A.M. et al. 2514.

Comandatuba 5km na estrada Comandatuba 04/12/1991, Amorim, A. et al. 521.

Encosta do Pico das Almas 20/02/1987, Harley, R.M. et al. 24479.

Feira de Santana: Fazenda Boa Vista, Serra de S. José 10/05/1984, Noblick, L.R. et al. 3172.

Feira de Santana: Campus da UEFS 11/10/1982, Noblick, L.R. s.n.

Iaçu: BR-046 17/07/1982, Hatschbach, G. 45077.

Jacobina: Proximidades do Hotel Serra do Ouro 27/06/1983, Coradin, L. et al. 6143.

Lençóis: Serra Larga (Serra Larguinha), a Oeste de Lençóis, perto de Caeté-Açu 19/12/1984, Pirani, J.R. et al. CFCR 7227b.

Maracás: BA-026, 6km SW de Maracás 26/04/1978, Mori, S.A. et al. 9938.

Milagres: Morro de Couro or Morro São Cristóvão 06/03/1977, Harley, R.M. et al. 19424a.

Morro do Chapéu: 19.5km SE of the town of Morro do Chapéu on the BA-052 road to Mundo Novo, by Rio do Ferro Doido 02/03/1977, Harley, R.M. et al. 19257.

Mucugê: By Rio Cumbuca, 3km S of Mucugê, near site of small dam on road to Cascavel 04/02/1974, Harley, R.M. et al. 15983.

Mucugê: Between 10 and 15km North of Mucugê on road to Andaraí 18/02/1977, Harley, R.M. et al. 18883.

Rio de Contas: Cachoeira do Frade, Rio Brumado 28/02/1994, Sano, P.T. et al. CFCR 14662.

Rio de Contas: Pico das Almas, Vertente Leste, Junco, 9-11km ao N-O da cidade 06/11/1988, Harley, R.M. et al. 25950.

Rio de Contas: Between 2.5 and 5km S of Vila do Rio de Contas on side road to W of the road to Livramento, leading to the Rio Brumado 28/03/1977, Harley, R.M. et al. 20103.

Rio de Contas: Pico das Almas, Vertente Leste, montanha a Sudoeste do Queiroz 30/11/1988, Harley, R.M. et al. 26512.

Rio de Contas: Pico das Almas, Vertente Leste, montanha a Sudoeste do Queiroz 30/11/1988, Harley, R.M. et al. 26517.

Rio de Contas: 17km N da cidade na estrada para o povoado de Mato Grosso, perto do rio 09/11/1988, Harley, R.M. et al. 26059.

Rio de Contas: Between 2.5 and 5km S of Vila do Rio de Contas on side road to W of the road to Livramento, leading to the Rio Brumado 28/03/1977, Harley, R.M. et al. 20118.

Rio de Contas: Middle NE slopes of the Pico das Almas, 25km WNW of the Vila do Rio de Contas 18/03/1977, Harley, R.M. et al. 19658.

Salvador: Lagoa de Abaeté NE edge of the city of Salvador 22/05/1981, Mori, S.A. et al. 14061.

Salvador: Bairro of Itapuã, vicinity of airport, Dois de Julho 23/05/1981, Mori, S.A. et al. 14093.

Santa Cruz Cabrália: 11km S of Santa Cruz Cabrália 17/03/1974, Harley, R.M. et al. 17111.

Senhor do Bonfim: Serra da Jacobina, West of Estiva, 12km N of Senhor do Bonfim on the BA-130 highway to Juazeiro. 01/03/1974, Harley, R.M. et al. 16601.

Vitória da Conquista: BR-265, Vitória da Conquista-Barra do Choça, 9km Leste de Vitória da Conquista 04/03/1978, Mori, S.A. et al. 9469.

Bulbostylis cf. ***capillaris*** (L.) C.B.Clarke
Bahia

Andaraí: 5km S of Andaraí near the road to Mucugê by the south bank of the Rio Paraguaçu 19/02/1977, Harley, R.M. et al. 18895.

Andaraí: 5km S of Andaraí on road to Mucugê by bridge over the Rio Paraguaçu 12/02/1977, Harley, R.M. et al. 18578.

Campos der Serra do São Ignacio. 02/1907, Ule, E. 7495.

Gentio do Ouro: 4km NE from Gentio do Ouro along the road towards Central 22/02/1977, Harley, R.M. et al. 18931.

Rio de Contas: Cachoeira do Fraga do Rio Brumado, arredores da cidade 24/11/1988, Harley, R.M. et al. 26997.

Rio de Contas: Lower NE slopes of the Pico das Almas, 25km WNW of the Vila do Rio de Contas 17/02/1977, Harley, R.M. et al. 19553.

Bulbostylis ciliatifolia (Ell.) Fernald
Bahia

Jacobina: Serra do Tombador, 19km al NW de Jacobina, BR-324 17/01/1997, Arbo, M.M. et al. 7391.

Bulbostylis conifera (Kunth) Beetle
Bahia

Entre Rios: Road W of Subaúna, 2-5km W of Subaúna 28/05/1981, Mori, S.A. et al. 14168.

Gentio do Ouro: Estrada Xique-Xique-Santo Inácio, km 29 30/06/1983, Coradin, L. et al. 6290.

Palmeiras: Serra dos Lençóis, lower slopes of Morro do Pai Inácio, 14.5km NW of Lençóis just N of the main Seabra-Itaberaba road 21/05/1980, Harley, R.M. et al. 22321.

Xique-Xique: 20km S de Xique-Xique, camino a Santo Inácio 19/01/1997, Arbo, M.M. et al. 7494.

Gentio do Ouro: 1.5km S of São Inácio on Gentio do Ouro road 24/02/1977, Harley, R.M. et al. 19001.

Piauí

Campo Maior: Fazenda Sol Posto 10/05/1992, Nascimento, M.S.B. 1009.

Oeiras: 05/1839, Gardner, G. 2375.

Bulbostylis distichoides Lye
Bahia

Morro do Chapéu: Summit of Morro do Chapéu, 8km SW of the town of Morro do Chapéu to the West of the road to Utinga 03/03/1977, Harley, R.M. et al. 19356, ISOTYPE, Abildgaardia disticha Lye.

Bulbostylis emmerichiae T.Koyama
Bahia

Rio de Contas: Pico das Almas, Vertente Leste, Campo do Queiroz 11/11/1988, Harley, R.M. et al. 26383.

Bulbostylis hirtella (Schrad.) Urb.
Bahia

Santa Cruz Cabrália: 11km S of Santa Cruz Cabrália

17/03/1974, Harley, R.M. et al. 17103.

Bulbostylis jacobinae (Steud.) Lindm.
Bahia

Água Quente: Pico das Almas, Vertente Norte 01/12/1988, Harley, R.M. et al. 26552.

Água Quente: Pico das Almas, Vertente Oeste, entre Paramirim das Crioulas e a face NNW do Pico 16/12/1988, Harley, R.M. et al. 27532.

Rio de Contas: Arredores do povoado de Mato Grosso 24/10/1988, Harley, R.M. et al. 25355.

Rio de Contas: Pico das Almas, Vertente Norte 26/11/1988, Harley, R.M. et al. 26288.

Rio de Contas: Pico das Almas, Vertente Leste, Campo do Queiroz 09/11/1988, Harley, R.M. et al. 26303.

Rio de Contas: Pico das Almas, Vertente Leste, Campo do Queiroz 09/11/1988, Harley, R.M. et al. 26301.

Piauí

Rio Preto. 09/1839, Gardner, G. 2983.

Bulbostylis junciformis (Kunth) Boeck.
Bahia

Barra da Estiva: Estrada Barra da Estiva-Mucugê, km 79 04/07/1983, Coradin, L. et al. 6461.

Belmonte: 7km SE de Belmonte 05/01/1981, Carvalho, A.M. et al. 415.

Comandatuba: 5km na estrada Comandatuba 01/12/1991, Amorim, A. et al. 503.

Comandatuba: 5km na estrada Comandatuba 04/12/1991, Amorim, A. et al. 520a.

Jacobina: Serra Jacobina, Morro do Cruzeiro 23/12/1984, Furlan, A. et al. CFCR 7534.

Lençóis: BR-242, km 216, 12km N de Lençóis 01/03/1980, Mori, S.A. 13329.

Lençóis: 2-5km N of Lençóis on trail to Barro Branco 11/06/1981, Mori, S.A. et al. 14327.

Mucugê: 5.6km N of Mucugê on road to Andaraí 18/02/1977, Harley, R.M. et al. 18878.

Porto Seguro: 6-7km na estrada que liga Trancoso ao Arraial D'Ajuda 12/12/1991, Sant'Ana, S.C. et al. 103.

Porto Seguro: 13km na estrada Porto Seguro-Santa Cruz Cabrália 30/04/1990, Carvalho, A.M. et al. 3126.

Rio de Contas: About 3km N of the town of Rio de Contas 21/01/1974, Harley, R.M. et al. 15362.

Rio de Contas: 7km da cidade, em direção ao vilarejo de Bananal 05/03/1994, Roque, N. et al. CFCR 14907.

Rio de Contas: Middle NE slopes of the Pico das Almas, 25km WNW of the Vila do Rio de Contas 18/03/1977, Harley, R.M. et al. 16953.

Rio de Contas: Middle NE slopes of the Pico das Almas, 25km WNW of the Vila do Rio de Contas 19/03/1977, Harley, R.M. et al. 19660.

Santa Cruz Cabrália: Estrada velha de Santa Cruz Cabrália, 2-4km W de Santa Cruz Cabrália 28/07/1978, Mori, S.A. et al. 10386.

Santa Cruz Cabrália: 11km S of Santa Cruz Cabrália 17/03/1974, Harley, R.M. et al. 17104.

Umburanas: 8km NW of Lagoinha (5.5km SW of Delfino) on the road to Minas do Mimoso 05/03/1974, Harley, R.M. et al. 16796.

Una: Comandatuba, 5km na estrada de Comandatuba 04/12/1992, Amorim, A. et al. 515.

Valença: Rodovia Guaibim-Valença, 6km a Oeste de Guaibim 11/12/1980, Silva, L.A.M. et al. 1278.

Unloc.: Salzmann, P. s.n.

Paraíba

Junco do Seridó: 10/07/1994, Miranda, A.M. et al. 1895.

Pernambuco

Buíque: Catimbau, Trilha das Torres 18/10/1994, Travassos, Z. 211.

Rio Preto. 09/1839, Gardner, G. 2982.

Piauí

Oeiras: 03/1839, Gardner, G. 2382.

Bulbostylis juncoides (Vahl) Kük.

Bahia

Rio de Contas: About 2km N of the town of Rio de Contas in flood plain of the Rio Brumado 25/01/1974, Harley, R.M. et al. 15492.

Bulbostylis paradoxa (Spreng.) Lindm.

Bahia

Água Quente: Pico das Almas, Vertente Norte, vale ao Noroeste do Pico 01/12/1988, Harley, R.M. et al. 26537.

Barra da Estiva: 8km S de Barra da Estiva, camino a Ituaçu, Morro do Ouro y Morro da Torre 22/11/1992, Arbo, M.M. et al. 5706.

Rio de Contas: Pico das Almas, Vertente Leste, Campo do Queiroz 11/11/1988, Harley, R.M. et al. 26382.

Rio de Contas: Campo da Aviação 06/04/1992, Hatschbach, G. et al. 56752.

Bulbostylis scabra (C.Presl. & J.Presl.) C.B.Clarke

Bahia

Caetité: 6km S de Caetité camino a Brejinho das Ametistas 20/11/1992, Arbo, M.M. et al. 5622.

Bulbostylis sphaerocephala (Boeck.) Lindm.

Bahia

Caetité: 3km SW de Caetité na estrada para Brejinho das Ametistas 18/02/1992, Carvalho, A.M. et al. 3718.

Bulbostylis truncata (Nees) M.T.Strong

Bahia

Unloc.: 1842, Glocker, E.F.von, 209.

Bulbostylis vestita (Kunth) C.B.Clarke

Bahia

Alcobaça: On the coast road between Alcobaça and Prado, 10km NW of Alcobaça and 4km along road from the Rio Itanhentinga 15/01/1977, Harley, R.M. et al. 17929.

Caetité: Serra Geral de Caetité, 9.5km S of Caetité on road to Brejinho das Ametistas 13/04/1980, Harley, R.M. et al. 21315.

Ilhéus: 1824, Riedel, L. s.n.

Palmeiras: Km 235 da BR-242, Pai Inácio 13/04/1990, Carvalho, A.M. et al. 3015.

Unloc.: Salzmann, P. s.n.

Calyptrocarya fragifera Kunth

Bahia

Ilhéus: [Minas Gerais]. 1821, Riedel, L. s.n.

Calyptrocarya glomerulata (Brongn.) Urb.

Bahia

Porto Seguro: Fonte dos Protomártires do Brasil 21/03/1974, Harley, R.M. et al. 17228.

Rio de Contas: Between 2.5 and 5km S of Vila do Rio de Contas on side road to W of the road to Livramento, leading to the Rio Brumado 28/03/1977, Harley, R.M. et al. 20124.

Una: Reserva Florestal da Estaçao de Canavieiras (CEPLAC/ESCAN), km 40 da rodovia Una-Santa Luzia. 15/10/1987, Santos, E.B. et al. 91.

Una: ReBio do Mico-leão (IBAMA), entrada no km 46 da BA-001, Ilhéus-Una 13/09/1995, Carvalho, A.M. et al. 6118.

Pernambuco

São Vicente Ferrer: Mata do Estado 12/11/1995, Laurênio, A. et al. 252.

Cladium mariscus L. subsp. *jamaicense* (Crantz) Kük.

Bahia

Unloc.: Salzmann, P. s.n., TYPE, Cladium bahiense Nees ex Steud..

Unloc.: Salzmann, P. s.n.

Cyperus aggregatus (Willd.) Endl.

Bahia

Conceição da Feira: 01/05/1980, Noblick, L.R. s.n.

Ibicoara: Lagoa Encantada, 19km NE of Ibicoara near Brejão. 01/02/1974, Harley, R.M. et al. 15816.

Lençóis: 07/03/1984, Noblick, L.R. 2985.

Lençóis: BR-242, km 216, 12km N de Lençóis 01/03/1980, Mori, S.A. 13332.

Rio de Contas: 1km south of small town of Mato Grosso on the road to Vila do Rio de Contas 24/03/1977, Harley, R.M. et al. 19974.

Ceará

Jucás: 01/03/1972, Pickersgill, B. et al. RU-72/264.

Pernambuco

Brejo da Madre de Deus: Fazenda Bituri 26/05/1995, Souza, G.M. 117.

Unloc.: 1838, Gardner, G. s.n.

Cyperus alternifolius L.

Bahia

Morro do Chapéu: 3km SE of Morro do Chapéu on the road to Mundo Novo 01/06/1980, Harley, R.M. et al. 22939.

Cyperus amabilis Vahl

Piauí

Castelo do Piauí: Fazenda Cipó de Baixo 19/04/1994, Nascimento, M.S.B. 231.

Cyperus articulatus L.

Bahia

Cachoeira: Margem direita do Rio Jacuípe. 04/1980, Cavalo, G.P. et al. 6.

Feira de Santana: Rodovia Feira-RJ, km 8, margem do Rio Jacuípe 19/02/1981, Carvalho, A.M. et al. 591.

Ibicoara: Lagoa Encantada, 19km NE of Ibicoara near Brejão 01/02/1974, Harley, R.M. et al. 15820.

Ilhéus: 04/1821, Riedel, L. s.n.

Itiúba: Serra de Itiúba, about 6km E of Itiúba 19/02/1974, Harley, R.M. et al. 16207.

Lagoa Real: Pantanal 06/03/1994, Souza, V.C. et al. 5322.

Senhor do Bonfim: Serra Jacobina, 8km N of Senhor
   do Bonfim on the BA-130 to Juazeiro on side road
   from Carrapichel towards the Serra 24/02/1974,
   Harley, R.M. et al. 16503.
Pernambuco
   Unloc.: 12/1837, Gardner, G. 1210.
Piauí
   Parnaíba: Landiz (Morro Mariana) 28/06/1994,
   Nascimento, M.S.B. et al. 9.

Cyperus brumadoi D.A.Simpson
Bahia
   Brumado: 15km na rodovia Brumado-Caetité
   27/12/1989, Carvalho, A.M. et al. 2617, ISOTYPE,
   Cyperus brumadoi D.A.Simpson.

Cyperus compressus L.
Bahia
   Ilhéus: CEPEC, km 22, BR-415, Ilhéus-Itabuna,
   Quadra H 02/09/1981, Hage, J.L. 1289.
   Jacobina: Serra da Jacobina, Morro do Cruzeiro
   23/12/1984, Pirani, J.R. et al. CFCR 7533.
   Morro do Chapéu: 19.5km SE of the town of Morro
   do Chapéu on the BA-052 road to Mundo Novo,
   by the Rio do Ferro Doido 02/03/1977, Harley,
   R.M. et al. 19255.
   Unloc.: ?Salzmann, P. s.n.
Pernambuco
   Tapera 26/06/1934, Pickel, D.B. 2719.

Cyperus coriifolius Boeck.
Bahia
   Ilhéus: CEPEC, km 22, BR-415, Ilhéus-Itabuna,
   Quadra E' 30/03/1979, Mori, S.A. et al. 11643.
   Milagres: Morro de Nossa Senhora dos Milagres, just
   West of Milagres 06/03/1977, Harley, R.M. et al.
   19467.

Cyperus cuspidatus Kunth
Bahia
   Unloc.: Salzmann, P. s.n., TYPE, Cyperus exiguus
   Nees.

Cyperus difformis L.
Bahia
   Ilhéus: CEPEC, km 22, BR-415, Ilhéus-Itabuna,
   Quadra E' 02/04/1979, Mori, S.A. et al. 11646.
   Ilhéus: CEPEC, km 22, BR-415, Ilhéus-Itabuna,
   Quadra E 11/08/1981, Santos, T.S. 3627.
   Ilhéus: CEPEC, km 22, BR-415, Ilhéus-Itabuna,
   Quadra E' 22/07/1981, Hage, J.L. et al. 1127.
   Ilhéus: CEPEC, km 22, BR-415, Ilhéus-Itabuna,
   Quadra I' 12/08/1981, Hage, J.L. 1190.
   Itabuna: Saída para Uruçuca 15/05/1968, Belém, R.P.
   2564.

Cyperus digitatus Roxb.
Bahia
   Ilhéus: Caminho pelo Rio Almada de Sambaituba
   para Lagoa Encantada 18/07/1990, Carvalho, A.M.
   et al. 3168.
   Porto Seguro: Km 16 de Porto Seguro-Eunápolis,
   Vale do Rio Buranhém 17/07/1981, Brito, H.S. et
   al. 51.
Pernambuco
   Unloc.: 1838, Gardner, G. s.n.

Cyperus distans L.f.
Bahia
   Feira de Santana: Campus da UEFS 06/05/1983,
   Noblick, L.R. et al. 2614.
   Ilhéus: CEPEC, Km 22, BR-415, Ilhéus-Itabuna,
   Quadra E' 24/03/1979, Mori, S.A. 11614.
   Ilhéus: CEPEC, Km 22, BR-415, Ilhéus-Itabuna,
   Quadra F' 13/04/1989, Mattos-Silva, L.A. et al. 2691.
   Mucugê: 9km SW of Mucugê on road from Cascavel
   06/02/1974, Harley, R.M. et al. 16088.
   Unloc.: Salzmann, P. s.n., HOLOTYPE, Cyperus
   psilostachyus Steud..
   Unloc.: ?Salzmann, P. s.n.
Pernambuco
   Fernando de Noronha: 09/1873, Moseley, H.N. s.n.,
   ISOTYPE, Cyperus densiflorus Meyer.

Cyperus entrerianus Boeck.
Bahia
   Cachoeira: Barragem de Bananeiras. 05/1980, Cavalo,
   G.P. et al. 12.
   Cachoeira: Estação da EMBASA. 06/1980, Cavalo, G.P.
   et al. 117.
   Cachoeira: Represa de Bananeira 31/07/1980,
   Noblick, L.R. 1993.

Cyperus eragrostis Lam.
Paraíba
   Areia: Mata do Pau-ferro (Fonte). Fevereiro, V.P.B.
   s.n.
Pernambuco
   Fernando de Notonha: Ridley, H.N. et al. 130.

Cyperus friburgensis Boeck.
Bahia
   Palmeiras: Pai Inácio, BR-242, W of Lençóis at km
   232 12/06/1981, Mori, S.A. et al. 14367.

Cyperus gardneri Nees
Pernambuco
   Unloc.: 03/1837, Gardner, G. 1213, ISOTYPE,
   Cyperus gardneri Nees.

Cyperus giganteus Vahl
Ceará
   Crato: 09/1839, Gardner, G. 1898.

Cyperus haspan L.
Bahia
   Água Quente: Pico das Almas, Vale ao noroeste do
   Pico 20/12/1988, Harley, R.M. et al. 27307.
   Alcobaça: Between Alcobaça and Prado, on the coast
   road 12km N of Alcobaça 16/01/1977, Harley, R.M.
   et al. 17986.
   Alcobaça: BR-255, 6km NW de Alcobaça 17/09/1978,
   Mori, S.A. et al. 10619.
   Área Controle da Caraiba Metais, Ponto 300/03
   08/12/1982, Noblick, L.R. et al. 2386.
   Canavieiras: Km 11 da BA-270, que liga Canavieiras à
   BR-101 12/07/1978, Santos, T.S. et al. 3267.
   Caravelas: BR-418, próximo ao entroncamento com a
   BA-001 18/03/1978, Mori, S.A. et al. 9673.
   Correntina: Velha da Galinha, vereda próxima ao Rio
   Corrente 26/08/1995, Mendonça, R.C. et al. 2384.
   Espigão Mestre, 100km WSW of Barreiras 05/03/1972,
   Anderson, W.R. et al. 36621.

Ilhéus: CEPEC, km 22, BR-415, Ilhéus-Itabuna, Quadra C 21/05/1981, Hage, J.L. et al. 730.

Ilhéus: CEPEC, km 22, BR-415, Ilhéus-Itabuna, Quadra D' 27/05/1981, Hage, J.L. et al. 751.

Ilhéus: CEPEC, km 22, BR-415, Ilhéus-Itabuna, Quadra E' 24/03/1979, Mori, S.A. 11612.

Itacaré: 1km S de Itacaré, beira mar, margem da estrada 07/06/1978, Mori, S.A. et al. 10168.

Lençóis: Rio Mucugezinho, próximo à BR-242, em direção à Serra do Brejão, próximo ao Morro do Pai Inácio 20/12/1984, Harley, R.M. et al. 7292.

Lençóis: Estrada Lençóis-Seabra, 20km NW de Lençóis 14/02/1994, Harley, R.M. et al. 14067.

Morro do Chapéu: 19.5km SE of Morro do Chapéu on the BA-052 road to Mundo Novo by the Rio Ferro Doido 01/03/1977, Harley, R.M. et al. 19220.

Morro do Chapéu: 19.5km SE of Morro do Chapéu on the BA-052 road to Mundo Novo by the Rio Ferro Doido 01/03/1977, Harley, R.M. et al. 19213.

Mucugê: 3km S de Mucugê, na estrada para Jussiape 22/12/1979, Mori, S.A. et al. 13166.

Mucugê: 3km S de Mucugê, na estrada para Cascavel, Vale do Rio 3km S de Mucugê, na estrada para Cascavel 14/04/1990, Carvalho, A.M. et al. 3056.

Mucugê: Estrada Mucugê-Andaraí, 3-5km N de Mucugê, Gerais do Capa Bode 21/02/1994, Harley, R.M. et al. 14351.

Mucugê: By Rio Cumbuca, about 3km N of Mucugê on the Andaraí road 05/02/1974, Harley, R.M. et al. 16011.

Porto Seguro: Porto Seguro-Eunápolis, Vale do Rio Buranhém 17/07/1981, Brito, H.S. et al. 52.

Rio de Contas: Estrada Real 07/03/2000, Giulietti, A.M. et al. 1918.

Rio de Contas: 1km S of small town of Mato Grosso on the road to Vila do Rio de Contas 24/03/1977, Harley, R.M. et al. 19898.

Rio de Contas: Middle NE slopes of the Pico das Almas, 25km WNW of the Vila do Rio de Contas 18/03/1977, Harley, R.M. et al. 19649.

Santa Cruz Cabrália: Entre os km 45-56 da BR-367, Porto Seguro-Eunápolis 22/10/1978, Mori, S.A. et al. 10948.

Seabra: Rio Richão, 27km N of Seabra, road to Água de Rega 25/02/1971, Irwin, H.S. et al. 31014.

Umburanas: 18km NW of Lagoinha (which is 5.5km SW of Delfino) on side road to Minas do Mimoso 07/03/1974, Harley, R.M. et al. 16932.

Valença: Rodovia que liga Guaibim à Valença, 3km a Oeste 13/08/1980, Hage, J.L. et al. 405.

Unloc.: 1840, Salzmann, P. s.n.

Unloc.: ?Salzmann, P. s.n.

Ceará

Granjeiro: 03/1932, Luetzelburg, P.von 26586.

Pernambuco

Rio Formoso: Engenho São Manoel 03/09/1954, Falcão, J.I.A. et al. 933.

Cyperus haspan L. var. *coarctatus* Nees
Bahia

Água Quente: Pico das Almas, nas vertentes mais baixas do vale ao NW do Pico 26/11/1988, Harley, R.M. et al. 26611.

Ilhéus: 25km na estrada Ilhéus-Una 29/04/1990, Carvalho, A.M. et al. 3185.

Cyperus hermaphroditus (Jacq.) Standl.
Bahia

Ilhéus: 05/1821, Riedel, L. 2.

Unloc.: Salzmann, P. s.n.

Cyperus imbricatus Retz.
Bahia

Xique-Xique: 4-5km N of Xique-Xique on the west side or the Rio São Francisco 05/04/1976, Davidse, G. et al. 12009.

Cyperus iria L.
Bahia

Ilhéus: CEPEC, km 22, BR-415, Ilhéus-Itabuna, Quadra I'. 12/08/1981, Hage, J.L. 1189.

Ilhéus: CEPEC, km 22, BR-415, Ilhéus-Itabuna, Quadra E. 11/08/1981, Santos, T.S. 3626.

Ilhéus: CEPEC, km 22, BR-415, Ilhéus-Itabuna, Quadra E'. 22/07/1981, Hage, J.L. et al. 1128.

Cyperus laxus Lam.
Bahia

Conceição da Feira: 01/05/1980, Noblick, L.R. 1805.

Feira de Santana: Campus da UEFS 01/06/1983, Noblick, L.R. 2699.

Ilhéus: CEPEC, km 22, BR-415, Ilhéus-Itabuna, Quadra I' 20/01/1982, Hage, J.L. et al. 1610.

Livramento do Brumado: By waterfal of the Rio Brumado just North of Livramento do Brumado 20/01/1974, Harley, R.M. et al. 15344.

Mucuri: Próximo a ponte sobre o Rio Mucuri na BR-101, cacaual decadente 15/09/1978, Mori, S.A. et al. 10539.

Santa Cruz Cabrália: Área da Estação Ecológica do Pau-brasil, 16km W de Porto Seguro na BR-367, Porto Seguro-Eunápolis 27/09/1984, Santos, F.S. et al. 389.

Unloc.: Salzmann, P. s.n., Probable ISOLECTOTYPE, Cyperus umbrosus Lindl. ex Nees.

Pernambuco

Unloc.: 1838, Gardner, G. s.n.

Cyperus ligularis L.
Bahia

Feira de Santana: Campus da UEFS 25/05/1983, Noblick, L.R. 2689.

Ilhéus: CEPEC, km 22, BR-415, Ilhéus-Itabuna, Quadra I' 06/05/1981, Hage, J.L. et al. 654.

Porto Seguro: Just North of Porto Seguro 21/03/1974, Harley, R.M. et al. 17278.

Unloc.: Salzmann, P. s.n.

Pernambuco

Fernando de Noronha: 09/1873, Moseley, H.N. s.n.

Fernando de Noronha: 07/1890, Ridley, H.N. et al. 130.

Fernando de Noronha: 07/1890, Ridley, H.N. et al. s.n.

Fernando de Noronha: 07/1890, Ridley, H.N. et al. 134.

Unloc.: 1838, Gardner, G. 1216.

Cyperus luzulae (L.) Retz.
Bahia

Cocos: 10km S of Cocos, banks of the Rio Itaguari 15/03/1972, Anderson, W.R. et al. 37012.

Ilhéus: CEPEC, km 22, BR-415, Ilhéus-Itabuna, Quadra D 16/10/1980, Hage, J.L. 325.

Ilhéus: CEPEC, km 22, BR-415, Ilhéus-Itabuna 12/05/1978, Mori, S.A. et al. 10099.

Unloc.: ?Salzmann, P. s.n.

Unlocalized.

Pernambuco

Rio Formoso: Engenho São Manoel 03/09/1954, Falcao, I.I.A. et al. 934.

Cyperus maritimus Poir.
Bahia

Salvador: Lagoa de Abaeté, NE edge of the city of Salvador 22/05/1981, Mori, S.A. et al. 14050.

Cyperus meyenianus Kunth
Bahia

Feira de Santana: Campus da UEFS 25/05/1983, Noblick, L.R. 2681.

Lençóis: Rio Lençóis, acima do Serrano 07/03/1984, Noblick, L.R. 3061.

Maraú: Coastal zone, 5km SE of Maraú near junction with road to Campinho 14/05/1980, Harley, R.M. et al. 22046.

Morro do Chapéu: Summit of Morro do Chapéu, 8km SW of the town of Morro do Chapéu to the west of the road to Utinga. 03/03/1977, Harley, R.M. et al. 19355.

Nova Viçosa: Km 19 da BR-101, Nova Viçosa-Posto da Mata 20/05/1980, Mattos Silva, L.A. et al. 794.

Umburanas: 18km NW of Lagoinha (which is 5.5km SW of Delfino) on side road to Minas do Mimoso 07/03/1974, Harley, R.M. et al. 16931.

Unloc.: Salzmann, P. s.n.

Cyperus cf. *meyenianus* Kunth
Bahia

Alcobaça: On the coast road between Alcobaça and Prado, 10km NW of Alcobaça and 4km N along road from the Rio Itanhentinga 15/01/1977, Harley, R.M. et al. 17925.

Feira de Santana: Campus da UEFS 06/05/1983, Noblick, L.R. et al. 2620.

Cyperus odoratus L.
Bahia

Cacaueira. 02/1978, Mori, S.A. s.n.

Cachoeira: Barragem de Bananeiras. 05/1980, Cavalo, G.P. et al. 16.

Ilhéus: CEPEC, km 22, BR-415, Ilhéus-Itabuna, Quadra E' 24/03/1979, Mori, S.A. 11615.

Jussiape: 0.5km SW of Jussiape by the Rio de Contas, on the road to Marcolino Moura 26/03/1977, Harley, R.M. et al. 20028.

Lagoa da Eugênia southern end near Camaleão 20/02/1974, Harley, R.M. et al. 16270.

Represa da Bananeira 31/07/1980, Noblick, L.R. s.n.

Ribeira do Pombal: Fazenda Salgadinho, 8km ao sul da cidade, BR-110 01/03/1984, Noblick, L.R. 2947.

Salvador: Dunas de Itapuã. 16/03/1980, Noblick, L.R. s.n.

Unloc.: Salzmann, P. s.n.

Pernambuco

Caruaru: Brejo dos Cavalos, Parque Ecológico Municipal 25/05/1995, Melo, M.R.C.S. et al. 80.

Cyperus poblii var. *babiensis* (D.A.Simpson) D.A.Simpson
Bahia

Mucugê: By Rio Cumbuca, about 3km N of Mucugê on the Andaraí road 15/02/1977, Harley, R.M. et al. 18710.

Mucugê: By Rio Cumbuca, about 3km N of Mucugê on the Andaraí road 05/02/1974, Harley, R.M. et al. 16010.

Mucugê: By Rio Cumbuca, 3km S of Mucugê near site of small dam on road to Cascavel 04/02/1974, Harley, R.M. et al. 15946.

Mucugê: 2-3km approximately SW of Mucugê on the road to Cascavel 17/02/1977, Harley, R.M. et al. 18811.

Rio de Contas: Pico das Almas, Vertente Leste, Campo do Queiroz, no extremo norte 22/12/1988, Harley, R.M. et al. 27415.

Rio de Contas: Lower slopes of the Pico das Almas, 25km WNW of the town of Rio de Contas 24/01/1974, Harley, R.M. et al. 15475, ISOTYPE, Mariscus pohlii (Nees) D.A.Simpson subsp. bahiensis D.A.Simpson.

Cyperus prolixus Kunth
Bahia

Cocos: 10km S of Cocos, banks of the Rio Itaguari 15/03/1972, Anderson, W.R. et al. 37005.

Livramento do Brumado: By the waterfall of the Rio Brumado just North of Livramento do Brumado 20/01/1974, Harley, R.M. et al. 15323.

Rio de Contas: 3km da cidade, Cachoeira do Fraga 21/05/1991, Santos, E.B. et al. 244.

Cyperus retrorsus Chapm. var. *retrorsus*
Bahia

Ilhéus: 05/1821, Riedel, L. 3.

Cyperus retrorsus var. *cylindricus* Fernald & Griscom
Bahia

Ilhéus: CEPEC, km 22, BR-415, Ilhéus-Itabuna, Quadra G 23/02/1981, Hage, J.L. et al. 450.

Cyperus rotundus L.
Bahia

Ilhéus: CEPEC, Km 22, BR-415, Ilhéus-Itabuna, próximo à hospedaria 12/02/1978, Mori, S.A. et al. 9248.

Ilhéus: CEPEC, Km 22, BR-415, Ilhéus-Itabuna, Quadra I'. 16/12/1981, Hage, J.L. et al. 1572.

Lençóis: 07/03/1984, Noblick, L.R. 2991.

Remanso: 12/02/1972, Pickersgill, B. et al. RU-72/130.

Unloc.: 1842, Glocker, E.F. 216.

Unloc.: Salzmann, P. s.n.

Ceará

Crato: 27/02/1972, Pickersgill, B. et al. RU-72/228.

Pernambuco

Caruaru: Brejo dos Cavalos, Fazenda Caruaru 23/02/1994, Silva, S.I. s.n.

Cyperus schomburgkianus Nees
Bahia

Gentio do Ouro: 4km NE from Gentio do Ouro along the road toward Central 22/02/1977, Harley, R.M. et al. 18939.

Licínio de Almeida: 12km da cidade em direção à Brejinho das Ametistas, Garimpo 12/03/1994, Roque, N. et al. CFCR 15018.

Morro do Chapéu: 19.5km SE of the town of Morro
   do Chapéu on the BA-052 road to Mundo Novo,
   by the Rio Ferro Doido 02/03/1977, Harley, R.M. et
   al. 19253.
Mucugê: 6km SW de Mucugê 04/03/1980, Mori, S.A.
   et al. 13402.
Mucugê: 3km S de Mucugê, na estrada para Jussiape
   22/12/1979, Mori, S.A. et al. 13171.
Mucugê: Serra do Sincorá, 6.5km SW of Mucugê on
   the Cascavel road 27/03/1980, Harley, R.M. et al.
   21030.
Mucugê: 2-3km SW of Mcugê on the road to
   Cascavel 17/02/1977, Harley, R.M. et al. 18839.
Rio de Contas: Lower Northern slopes of the Pico
   das Almas, 25km WNW of the town of Rio de
   Contas 17/02/1977, Harley, R.M. et al. 19587.
Rio de Contas: Serra das Almas, 5km NW de Rio de
   Contas 21/03/1980, Mori, S.A. et al. et al. 13516.
Rio de Contas: Pico das Almas, Vertente Leste,
   Campo do Queiros, lado Leste 28/11/1988, Harley,
   R.M. 26650.
Rio de Contas: 5km S da sede, Cachoeira do Fraga
   11/02/1991, Carvalho, A.M. et al. 3232.
Rio de Contas: Brumadinho, entre Fazenda
   Brumadinho e Queiros 21/02/1984, Harley, R.M. et
   al. 24655.
Rio de Contas: Lower Northern slopes of the Pico
   das Almas, 25km WNW of the town of Rio de
   Contas 22/01/1974, Harley, R.M. et al. 15410.
São Inácio: Lagoa Itaparica, 10km W of the São
   Inácio-Xique-Xique road at turning 13.1km N of
   São Inácio 26/02/1977, Harley, R.M. et al. 19130.
Taboleiro bei Remanso. 12/1906, Ule, E. 7366.
Umburanas: 16km NW of Lagoinha (which is 5.5km
   SW of Delfino) on side road to Minas do Mimoso
   08/03/1974, Harley, R.M. et al. 16984.

Cyperus simplex Kunth
Bahia
Caatiba: BA-265, Caatiba-Barra do Choça, 8km W de
   Caatiba 15/03/1979, Mori, S.A. et al. 11557.
Cachoeira: Estação da EMBASA. 06/1980, Cavalo, G.P.
   et al. 153.
Ilhéus: CEPEC, km 22, BR-415, Ilhéus-Itabuna,
   Quadra H' 02/09/1981, Hage, J.L. et al. 1274.
Ilhéus: Fazenda Santa Luzia ao lado da quadra H
   25/11/1981, Hage, J.L. 1538.
Itapé: BR-415, 19km O de Itabuna 02/03/1978, Mori,
   S.A. et al. 9356.
Mucuri: Próximo a ponte sobre o Rio Mucuri na BR-
   101, cacaual decadente 15/09/1978, Mori, S.A. et al.
   10538.
Unloc.: ?Salzmann, P. s.n.
Ceará
Serra do Araripe 14/11/1976, Bogner, J. 1208.
Serra de Araripe. 01/1839, Gardner, G. 2017.
Unloc.: 1841, Gardner, G. 2017.

Cyperus sphacelatus Rottb.
Bahia
Ilhéus: CEPEC, Km 22, BR-415, Ilhéus-Itabuna,
   Quadra E' 24/03/1979, Mori, S.A. 11607.
Porto Seguro: Just North of Porto Seguro 21/03/1974,
   Harley, R.M. et al. 17275.

Cyperus subcastaneus D.A.Simpson
Bahia
Andaraí: 5km south of Andaraí on road to Mucugê,
   by bridge over the Rio Paraguaçu 12/02/1977,
   Harley, R.M. et al. 18582.
Licínio de Almeida: 12km da cidade em direção a
   Brejinho das Ametistas, Garimpo 12/03/1994,
   Roque, N. et al. CFCR 15015.
Morro do Chapéu: Rio do Ferro Doido, 19.5km SE of
   Morro do Chapéu on the BA-052 highway to
   Mundo Novo 31/05/1980, Harley, R.M. et al. 22851.
Piatã: Estrada Piatã-Inúbia, 25km NW de Piatã
   24/02/1994, Sano, P.T. et al. CFCR 14527.
Piatã: Estrada Piatã-Inúbia, 25km NW de Piatã, Serra
   do Atalho 23/02/1994, Sano, P.T. et al. CFCR 14440.
Rio de Contas: Lower NE slopes of the Pico das
   Almas, 25km WNW of the Vila do Rio de Contas.
   17/02/1977, Harley, R.M. et al. 19584.
Rio de Contas: Between 2.5km and 5km S of Vila do
   Rio de Contas on side road to W of the road to
   Livramento, leading to the Rio Brumado
   28/03/1977, Harley, R.M. et al. 20102.
Rio de Contas: Lower NE slopes of the Pico das
   Almas, 25km WNW of the Vila do Rio de Contas
   17/02/1977, Harley, R.M. et al. 19570.
Rio de Contas: Lower NE slopes of the Pico das
   Almas, 25km WNW of the Vila do Rio de Contas
   17/02/1977, Harley, R.M. et al. 19584.
Rio de Contas: 5km S da sede do município,
   Cachoeira do Fraga 11/02/1981, Carvalho, A.M. et
   al. 3230.

Cyperus surinamensis Rottb.
Bahia
Área Controle da Caraiba Metais, Lagoa Jones II
   17/02/1983, Noblick, L.R. et al. 2588.
Cocos: 10km S of Cocos, banks of the Rio Itaguari
   15/03/1972, Anderson, W.R. et al. 37011.
Feira de Santana: Campus da UEFS 06/05/1983,
   Noblick, L.R. et al. 2609.
Ilhéus: CEPEC, Km 22, BR-415, Ilhéus-Itabuna,
   próximo à hospedaria 12/02/1978, Mori, S.A. et al.
   9251.
Morro do Chapéu: 19.5km SE of Morro do Chapéu
   on the BA-052 road to Mundo Novo by the Rio
   Ferro Doido 01/03/1977, Harley, R.M. et al. 19211.
Remanso: 12/02/1972, Pickersgill, B. et al. RU-72/129.
Rio de Contas: Estrada Real 07/03/2000, Giulietti,
   A.M. et al. 1922.
Tucano: Distrito de Caldas do Jorro, estrada que liga
   a sede do Distrito à estrada Araci-Tucano
   02/03/1992, Carvalho, A.M. et al. 3875.
Umburanas: 18km NW of Lagoinha (which is 5.5km
   SW of Delfino) on side road to Minas do Mimoso
   07/03/1974, Harley, R.M. et al. 16930.
Unloc.: Salzmann, P. s.n.
Pernambuco
Unloc.: 1838, Gardner, G. 1212.

Cyperus uncinulatus Schrad. ex Nees
Bahia
Andaraí: 8km South of Andaraí on road to Mucugê
   by bridge over small river, just North of turning to
   Itaeté 13/02/1977, Harley, R.M. et al. 18624.

Cachoeira: Estação da EMBASA. 06/1980, Cavalo, G.P. et al. 136.

Caetité: Brejinho das Ametistas, 3km SW da sede do distrito 18/02/1992, Carvalho, A.M. et al. 3749.

Dom Basílio: 52km na rodovia Brumado-Livramento do Brumado, Fazendinha 28/12/1989, Carvalho, A.M. et al. 2689.

Gentio do Ouro: 4km NE from Gentio do Ouro along the road toward Central 22/02/1977, Harley, R.M. et al. 18946.

Iaçu: BR-046, Iaçu-Milagres, 5km E de Iaçu 09/03/1980, Mori, S.A. 13436.

Maracás: BA-026, 6km SW de Maracás 26/04/1978, Mori, S.A. et al. 9957.

Maracás: Km 7 da estrada Maracás-Contendas do Sincorá, afloramento rochoso ao lado S da cidade 09/02/1983, Carvalho, A.M. et al. 1532.

Paramirim: Rio Paramirim, 4km da cidade na estrada para Água Quente 30/11/1988, Harley, R.M. et al. 27035.

Piritiba: 31/05/1980, Noblick, L.R. s.n.

Xique-Xique: São Inácio, Lagoa Itaparica, 10km W of the São Inácio-Xique-Xique road at turning 13.1km n of São Inácio 26/02/1977, Harley, R.M. et al. 19129.

Paraíba

Pocinhos: 28/06/1959, Morais, J.C. s.n.

Pernambuco

Brejo da Madre de Deus: Fazenda Bituri 14/03/1996, Silva, L.F. et al. 174.

Tejucupapo. 19/06/1994, Miranda, A.M. et al. 1788.

Cyperus virens Michx.

Bahia

Ibicoara: Lagoa Encantada, 19km NE of Ibicoara near Brejão. 01/02/1974, Harley, R.M. et al. 15817.

Cyperus sp.

Bahia

Itamaraju: Fazenda Pau-brasil, 5km NW de Itamaraju 19/09/1978, Mori, S.A. et al. 10689.

Palmeiras: Próximo ao Rio Mucugezinho, rodovia Lençóis-Seabra, 21km NW de Lençóis 17/02/1994, Harley, R.M. et al. 14195.

Diplacrum capitatum (Willd.) Boeck.

Bahia

Cairu: Rodovia Nilo Peçanha-Cairu, km 14-18 29/04/1980, Santos, T.S. et al. 3589.

Correntina: Chapadão Ocidental, islets and banks of the Rio Corrente by Correntina 23/04/2980, Harley, R.M. et al. 21657.

Ilhéus: Riedel, L. s.n.

Maraú: BR-030, 3km S de Maraú 07/02/1979, Mori, S.A. et al. 11473.

Maraú: About 5km SE of Maraú near junction with road to Campinho 15/05/1980, Harley, R.M. et al. 22081.

Una: 20km from Una and 10km from Nova Colonial, W along road to Rio Branco, by the Northern tributary of the Córrego Aliança 24/01/1977, Harley, R.M. et al. 18213.

Eleocharis almensis D.A.Simpson

Bahia

Rio de Contas: Pico das Almas, vertente Leste,

Fazenda Silvina, 19km N-O da cidade 23/10/1988, Harley, R.M. et al. 25305, ISOTYPE, Eleocharis almensis D.A.Simpson.

Eleocharis atropurpurea (Retz.) J.Presl.

Bahia

Bom Jesus da Lapa: Basin of the Upper São Francisco River, 28km SE of Bom Jesus da Lapa, on the Caetité road 16/04/1980, Harley, R.M. et al. 21434.

Xique-Xique: Lagoa Itaparica, 10km W of the São Inácio-Xique-Xique road at the turning 13.1km N of São Inácio 26/02/1977, Harley, R.M. et al. 19126.

Eleocharis bahiensis D.A.Simpson

Bahia

Maracás: 6km de Maracás, em afloramento granítico. 16/03/1980, Carvalho, A.M. et al. 224, ISOTYPE, Eleocharis bahiensis D.A.Simpson.

Eleocharis capillacea Kunth

Bahia

Água Quente: Pico das Almas, Vertente Oeste, trilho do povoado Santa Rosa, 23km O da cidade 01/12/1988, Harley, R.M. et al. 27046.

Rio de Contas: Pico das Almas, Vertente Leste, Campo do Queiroz 09/11/1988, Harley, R.M. et al. 26306.

Unloc.: Sellow, F. s.n., TYPE, Eleocharis capillacea Kunth.

Eleocharis cf. *eglerioides* S.González & A.A.Reznicek

Paraíba

Lagoa dos Patos. Luetzelburg, Ph.von 12528.

Eleocharis elegans (Kunth) Roem. & Schult.

Bahia

Bei Calderao. 10/1906, Ule, E. 7241.

Bom Jesus da Lapa: Basin of the Upper São Francisco River, 28km SE of Bom Jesus da Lapa, on the Caetité road 16/04/1980, Harley, R.M et al. 21432.

Iaçu: Fazenda do Lago, em lago entre Iaçu e Milagres 25/01/1965, Pereira, E. et al. 9749.

Ceará

Unloc.: 1839, Gardner, G. s.n.

Piauí

São João do Piauí: Lagoa do Porfírio 14/04/1994, Nascimento, M.S.B. et al. 466.

Eleocharis aff. *elegans* (Kunth) Roem. & Schult.

Bahia

Lagoa Real: Pantanal 06/03/1994, Souza, V.C. et al. CFCR 5324.

Eleocharis filiculmis Kunth

Bahia

Correntina: Velha da Galinha, vereda próximo ao Rio Corrente 26/08/1995, Mendonça, R.C. et al. 2385.

Correntina: Chapadão Ocidental, 9km SE from Correntina, on road to Jaborandi 27/04/1980, Harley, R.M. et al. 21831.

Correntina: Chapadão Ocidental, islets and banks of the Rio Corrente, by Correntina 23/04/1980, Harley, R.M. et al. 21613.

Entre Rios: Road from Itanagra to Subaúma, 14km W of Bahia 27/05/1981, Mori, S.A. et al. 14150.

Unloc.: Salzmann, P. s.n.

Piauí
Ribeiro Gonçalves: Riacho do Buriti, several hundred meters from its mouth in the Rio Parnaíba opposite Santa Bárbara in Maranhão 30/05/1962, Eiten, G. et al. 4777.
Unloc.: Martius, C.F.P.von s.n.

Eleocharis aff. ***filiculmis*** Kunth
Bahia
Correntina: Chapadão Ocidental, 37km N from Correntina, on the Inhaúmas road 29/04/1980, Harley, R.M. et al. 21964.

Eleocharis flavescens (Poir.) Urb.
Bahia
Rio de Contas: About 2km N of the town of Rio de Contas in flood plain of the Rio Brumado 25/01/1974, Harley, R.M. et al. 15507.
S. Bento. 1913, Luetzelburg, Ph.von 15474.

Eleocharis geniculata (L.) Roem. & Schult.
Bahia
Belmonte: 3km S da cidade 07/01/1981, Carvalho, A.M. et al. 450.
Cachoeira: Mata a NE da B. Bananeiras 29/11/1980, Cavalo, G.P. et al. 917.
Cachoeira: Roncador. 08/1980, Cavalo, G.P. et al. 534.
Feira de Santana: Rodovia Feira-Rio de Janeiro, km 8, margem do Rio Jacuípe 19/02/1981, Carvalho, A.M. et al. 589.
Ibipeba: Mirirós, Lagoa da Conceição 28/03/1991, Brochado, A.L. et al. 190.
Ilhéus: CEPEC, km 22, BR-415, Ilhéus-Itabuna, Quadra I' 12/08/1981, Hage, J.L. 1186.
Itacaré: Near mouth of the Rio de Contas 28/01/1977, Harley, R.M. et al. 18327.
Unloc.: Salzmann, P. s.n.
Pernambuco
Unloc.: 10/1837, Gardner, G. 1203.
Piauí
Campo Maior: Fazenda Sol Posto 10/05/1992, Nascimento, M.S.B. 1001.

Eleocharis aff. ***geniculata*** (L.) Roem.& Schult.
Bahia
Rio de Contas: Estrada Real 07/03/2000, Giulietti, A.M. et al. 1908.

Eleocharis cf. ***glaucovirens*** Boeck.
Bahia
Livramento do Brumado: Just North of Livramento do Brumado on the road to Vila do Rio de Contas, below the Livramento Waterfall on the Rio Brumado 23/03/1977, Harley, R.M. et al. 19850.

Eleocharis interstincta (Vahl) Roem. & Schult.
Bahia
Nilo Peçanha: Km 5-10 da rodovia Nilo Peçanha-Ituberaba 19/02/1975, Santos, T.S. 2858.
Porto Seguro: BR-367, 11km N de Porto Seguro 20/03/1978, Mori, S.A. et al. 9759.
Rio de Contas: About 2km N of the town of Rio de Contas in flood plain of the Rio Brumado 25/01/1974, Harley, R.M. et al. 15506.
Valença: Rodovia que liga Guaibim à Valença, 3km a Oeste 13/08/1980, Hage, J.L. et al. 404.
Unloc.: Salzmann, P. s.n.

Eleocharis maculosa (Vahl) Roem. & Schult.
Bahia
Abaíra: Catolés de Cima, encosta da Serra do Barbado 17/11/1993, Ganev, W. 2504.
Feira de Santana: BR-116, área entre o retorno da Cidade Nova e a cidade 07/09/1983, Noblick, L.R. 2738.
Mucugê: 3km S de Mucugê, na estrada para Cascavel 14/04/1990, Carvalho, A.M. et al. 3062.
Palmeiras: Serra dos Lençóis, lower slopes of Morro do Pai Inácio, 14.5km NW of Lençóis just N of the main Seabra-Itaberaba road 26/05/1980, Harley, R.M. et al. 22639.
Rio de Contas: 10km N of the town of Rio de Contas on road to Mato Grosso 19/01/1974, Harley, R.M. et al. 15282.
Rio de Contas: 18km WNW along road from Vila do Rio de Contas to the Pico das Almas 21/03/1977, Harley, R.M. et al. 19807.

Eleocharis minima Kunth var. ***minima***
Bahia
Lençóis: Serra Larga (Serra Larguinha), a Oeste de Lençóis, perto de Caeté-Açu 19/12/1984, Pirani, J.R. et al. CFCR 7227a.
Salvador: Dunas de Itapuã. 15/03/1980, Noblick, L.R. s.n.
Umburanas: 16km NW of Lagoinha (which is 5.5km SW of Delfino) on side road to Minas do Mimoso 08/03/1974, Harley, R.M. et al. 16980.
Umburanas: 16km NW of Lagoinha (which is 5.5km SW of Delfino) on side road to Minas do Mimoso 08/03/1974, Harley, R.M. et al. 16979.
Unloc.: Salzmann, P. Probable TYPE, Eleocharis subtilis Boeck..
Unloc.: Salzmann, P. s.n.
Pernambuco
Tapera 24/06/1934, Pickel, D.B. 3448.

Eleocharis minina var. ***tenuissima*** (Boeck.) D.A.Simpson
Bahia
Ilhéus: 1821, Riedel, L. s.n.

Eleocharis montana (Kunth) Roem.& Schult.
Bahia
Anguera: Lagoa 5 18/08/1996, França, F. et al. 1769.
Ilhéus: CEPEC, km 22, BR-415, Ilhéus-Itabuna, Quadra I' 06/01/1982, Hage, J.L. et al. 1583.
Livramento do Brumado: Just North of Livramento do Brumado on the road to Vila do Rio de Contas, below the Livramento waterfall on the Rio Brumado 23/03/1977, Harley, R.M. et al. 19876.

Eleocharis morroi D.A.Simpson
Bahia
Morro do Chapéu: 3km SE of Morro do Chapéu on the road to Mundo Novo. 01/06/1980, Harley, R.M. et al. 22916, ISOTYPE, Eleocharis morroi D.A.Simpson.

Eleocharis mutata (L.) Roem. & Schult.
Bahia
Correntina: Chapadão Ocidental, 37km N from Correntina, on the Inhaúmas road 29/04/1980, Harley, R.M. et al. 21957.

Feira de Santana: Campus da UEFS 25/05/1983, Noblick, L.R. 2673.

Jussiape: 0.5km SW of Jussiape by the Rio de Contas, on the road to Marcolino Moura 26/03/1977, Harley, R.M. et al. 20029.

Piritiba: 30/05/1980, Noblick, L.R. s.n.

Unloc.: Salzmann, P. s.n.

Pernambuco

Unloc.: Gardner, G. s.n.

Piauí

São João do Piauí: Fazenda Guimarães Duque (Lagoa do Tamarindo) 12/04/1994, Nascimento, M.S.B. et al. 450.

São João do Piauí: Fazenda Guimarães Duque (Lagoa do Tamarindo) 12/04/1994, Nascimento, M.S.B. et al. 451.

Eleocharis nana Kunth

Bahia

Ilhéus: 25km na estrada Ilhéu-Una 29/04/1990, Carvalho, A.M. et al. 3184.

Mucugê: Estrada Andaraí-Mucugê, próximo ao Rio Paraguaçu 21/07/1981, Pirani, J.R. et al. CFCR 1624.

Mucugê: Estrada Mucugê-Guiné, 5km de Mucugê 07/09/1981, Furlan, A. et al. CFCR 1992.

Rio de Contas: Pico das Almas, Vertente Leste, Junco, 9-11km ao N-O da cidade 06/11/1988, Harley, R.M. et al. 25922.

Unloc.: Salzmann, P. s.n.

Eleocharis nigrescens (Nees) Steud.

Bahia

Feira de Santana: Campus da UEFS 11/10/1982, Noblick, L.R. 2094.

Unloc.: Salzmann, P. s.n.

Unloc.: Salzmann, P. s.n., ISOTYPE, Scirpidium nigrescens Nees.

Piauí

Oeiras: 05/1839, Gardner, G. 2374.

Eleocharis cf. *nigrescens* (Nees) Steud.

Bahia

Saúde: Caminho para a Cachoeira Paiaió 07/04/1996, Guedes, M.L. et al. 2919.

Eleocharis olivaceonux D.A.Simpson

Bahia

Mucugê: 2-3km SW of Mucugê on the road to Cascavel 17/02/1977, Harley, R.M. et al. 18846.

Rio de Contas: Pico das Almas, Vertente Leste, vale ao sudeste do Campo do Queiroz 03/12/1988, Harley, R.M. et al. 26575, ISOTYPE, Eleocharis olivaceonux D.A.Simpson.

Eleocharis plicarbachis (Griseb.) Svenson

Bahia

Lençóis: Rio Lençóis acima do Serrano 07/03/1984, Noblick, L.R. 3046.

Rio de Contas: Middle NE slopes of the Pico das Almas, 25km WNW of the Vila do Rio de Contas 18/03/1977, Harley, R.M. et al. 19638.

Eleocharis rugosa D.A.Simpson

Bahia

Morro do Chapéu: Rio do Ferro Doido, 19.5km SE of Morro do Chapéu on the BA-052 highway to Mundo Novo 31/05/1980, Harley, R.M. et al. 22879.

Mucugê: Estrada Mucugê-Guiné, 5km de Mucugê 07/09/1981, Furlan, A. et al. CFCR 1980.

Mucugê: By Rio Cumbuca, 3km S of Mucugê, near site of small dam on road to Cascavel 04/02/1974, Harley, R.M. et al. 15972.

Rio de Contas: Lower NE slopes of the Pico das Almas, 25km WNW of the Villa do Rio de Contas 17/02/1977, Harley, R.M. et al. 19576.

Umburanas: 16km NW of Lagoinha (which is 5.5km SW of Delfino) on side road to Minas do Mimoso 08/03/1974, Harley, R.M. et al. 16982, ISOTYPE, Eleocharis rugosa D.A.Simpson.

Eleocharis sellowiana Kunth

Bahia

Ilhéus: Riedel, L. s.n.

Morro do Chapéu: Rio do Ferro Doido, 19.5km SE of Morro do Chapéu on the BA-052 highway to Mundo Novo 31/05/1980, Harley, R.M. et al. 22899.

Una: 20km from Una and 10km from Nova Colonial, W along road to Rio Branco, by Northern tributary of the Córrego Aliança 24/01/1977, Harley, R.M. et al. 18211.

Unloc.: Salzmann, P. s.n.

Pernambuco

Bonito: Reserva Municipal de Bonito 06/03/1996, Lira, S.S. et al. 126.

Eleocharis cf. *sellowiana* Kunth

Bahia

Lençóis: Rio Lençóis, acima do Serrano 07/03/1984, Noblick, L.R. 3059.

Fimbristylis autumnalis (L.) Roem. & Schult.

Pernambuco

Rio Formoso: Engenho São Manoel 03/09/1954, Falcão, J.I.A. et al. 935.

Rio Formoso: Engenho São Manoel 03/09/1954, Falcão, J.I.A. et al. 932.

Tapera. 09/1933, Pickel, D.B. 2914.

Fimbristylis complanata (Retz.) Link

Bahia

Campo Formoso: Água Preta, estrada Alagoinhas-Minas do Mimoso, km 15 26/06/1983, Coradin, L. et al. 6093.

Ibicoara: Lagoa Encantada, 19km NE of Ibicoara near Brejão. 01/02/1974, Harley, R.M. et al. 15811.

Ilhéus: 25km na estrada Ilhéus-Una 29/04/1990, Carvalho, A.M. et al. 3182.

Lençóis: Rio Lençóis, acima do Serrano 07/03/1984, Noblick, L.R. 3060.

Morro do Chapéu: 19.5km SE of the town of Morro do Chapéu on the BA-052 road to Mundo Novo, by Rio Ferro Doido. 01/03/1977, Harley, R.M. et al. 19216.

Morro do Chapéu: 19.5km SE of the town of Morro do Chapéu on the BA-052 road to Mundo Novo, by Rio Ferro Doido. 04/03/1977, Harley, R.M. et al. 19391.

Morro do Chapéu: BR-052, vicinity of bridge over Rio Ferro Doido, 18km E of Morro do Chapéu 17/06/1981, Mori, S.A. et al. 14488.

Rio de Contas: 10km N of town of Rio de Contas on road to Mato Grosso 19/01/1974, Harley, R.M. et al. 15284.

Umburanas: 18km NW of Lagoinha (which is 5.5km
SW of Delfino) on side road to Minas do Mimoso
07/03/1974, Harley, R.M. et al. 16934.
Umburanas: 16km NW of Lagoinha (which is 5.5km
SW of Delfino) on side road to Minas do Mimoso
08/03/1974, Harley, R.M. 16975.
Unloc.: et al. Salzmann, P. s.n.
Ceará
Crato: 09/1838, Gardner, G. 1897.

Fimbristylis cymosa R.Br.
Bahia
Cachoeira: Barragem de Bananeiras, Vale dos Rios
Cachoeira e Jacuípe. 05/1980, Cavalo, G.P. et al. 33.
Ibipeba: Mororós 28/03/1991, Brochado, A.L. et al. 191.
lhéus: 1822, Riedel, L. s.n.
Itacaré: Near the mouth of the Rio de Contas
31/03/1974, Harley, R.M. et al. 17585.
Itacaré: 1km S de Itacaré 07/06/1978, Mori, S.A. et al.
10158.
Jussiape: 0.5km SW of Jussiape by the Rio de Contas,
on the road to Marcolino Moura 26/03/1977,
Harley, R.M. et al. 20030.
Morro do Chapéu: 19.5km SE of the town of Morro do
Chapéu on the BA-052 road to Mundo Novo, by Rio
Ferro Doido. 04/03/1977, Harley, R.M. et al. 19390.
Santa Cruz Cabrália: 5km S of Santa Cruz Cabrália
18/03/1974, Harley, R.M. et al. 17134.
Tucano: Distrito de Caldas do Jorro, estrada que liga
a sede do Distrito à Araci/Tucano 02/03/1992,
Carvalho, A.M. et al. 3876.
Unloc.: Salzmann, P. s.n.
Pernambuco
Olinda: Restinga Rio Doce 13/06/1950, Leal, C.G. et
al. 40.
Tejucupapo 10/07/1994, Miranda, A.M. et al. 1917.
Unloc.: 10/1837, Gardner, G. 1201.
Piauí
Luís Correia: Entre Luiz Correia e Coqueiros
02/10/1973, Sucre, D. et al. 10234.

Fimbristylis dichotoma (L.) Vahl
Bahia
Alcobaça: Between Alcobaça and Prado, on the coast
road 12km N of Alcobaça 16/01/1977, Harley, R.M.
et al. 17987.
Belmonte: On SW outskirts of town 26/03/1974,
Harley, R.M. et al. 17456.
Belmonte: On SW outskirts of town 26/03/1974,
Harley, R.M. et al. 17458.
Caetité: Arredores de Brejinho das Ametistas
12/03/1994, Roque, N. et al. CFCR 14988.
Feira de Santana: 11/10/1982, Noblick, L.R. s.n.
Iaçu: BR-046, Iaçu-Milagres, 5km E de Iaçu
09/03/1980, Mori, S.A. 13437.
Ilhéus: CEPEC, km 22, BR-415, Ilhéus-Itabuna,
próximo a hospedaria 12/02/1978, Mori, S.A. et al.
9250.
Ilhéus: CEPEC, km 22, BR-415, Ilhéus-Itabuna,
Quadra E' 24/03/1979, Mori, S.A. 11621.
Ilhéus: CEPEC, km 22, BR-415, Ilhéus-Itabuna,
Quadra E' 02/04/1979, Mori, S.A. et al. 11648.
Ilhéus: CEPEC, km 22, BR-415, Ilhéus-Itabuna,
Quadra C 05/08/1981, Hage, J.L. et al. 1164.

Ilhéus: CEPEC, km 22, BR-415, Ilhéus-Itabuna,
Quadra H' 26/05/1981, Hage, J.L. et al. 744.
Maracás: 6km SW de Maracás, afloramento rochoso
16/03/1980, Carvalho, A.M. et al. 222.
Morro do Chapéu: 19.5km SE of the town of Morro
do Chapéu on the BA-052 road to Mundo Novo by
the Rio Ferro Doido. 02/03/1977, Harley, R.M. et al.
19274.
Unloc.: Salzmann, P. s.n.
Pernambuco
Fernando de Noronha: 07/1890, Ridley, H.N. et al. s.n.
Rio Formoso: Engenho São Manoel 03/09/1954,
Falcão, J.I. et al. 939.
Unloc.: Gardner, G. s.n.
Piauí
Campo Maior: Fazenda Sol Posto 10/05/1992,
Nascimento, M.S.B. 1005.
Oeiras: 05/1839, Gardner, G. 2379.

Fimbristylis ferruginea (L.) Vahl
Bahia
Unloc.: Salzmann, P. s.n.
Pernambuco
Island of Itamarica (Itamaracá). 12/1837, Gardner, G.
1202.

Fimbristylis spadicea (L.) Vahl
Bahia
Caravelas: BR-418, 33km SW de Alcobaça
16/09/1978, Santos, T.S. et al. 3336.
Porto Seguro: Mouth of the Rio do Peixe or Rio
Itanhem, just S of Porto Seguro 20/03/1974, Harley,
R.M. et al. 17216.
Unloc.: Salzmann, P. s.n.

Fimbristylis vahlii (Lam.) Link
Ceará
Icó: Am Lima Campos 19/11/1976, Bogner, J. 1220.

Fimbristylis sp.
Bahia
Unloc.: Salzmann, P. s.n.

Fuirena robusta Kunth
Bahia
Caravelas: BR-418, 33km SW de Alcobaça
16/09/1978, Santos, T.S. et al. 3338.
Maracás: 13-25km E de Maracás 18/11/1978, Mori,
S.A. et al. 11143.
Unloc.: ?Salzmann, P. s.n.

Fuirena umbellata Rottb.
Bahia
Alcobaça: 23km S de Prado, 3km W de Alcobaça
08/12/1981, Lewis, G.P. et al. 803.
Canavieiras: Km 11 da BA-270, que liga Canavieiras à
BR-101 12/07/1978, Santos, T.S. et al. 3271.
Caravelas: BR-418, 16km do entroncamento com a
BA-001 18/03/1978, Mori, S.A. et al. 9672.
Correntina: Chapadão Ocidental, 37km N from
Correntina, on the Inhaúmas road 29/04/1980,
Harley, R.M. et al. 21950.
Correntina: Chapadão Ocidental, islets and banks of
the Rio Corrente by Correntina 23/04/1980, Harley,
R.M. et al. 21640.
Feira de Santana: Campus da UEFS 25/05/1983,
Noblick, L.R. 2672.

Ilhéus: CEPEC, km22, BR-415, Ilhéus-Itabuna, Quadra E' 22/07/1981, Hage, J.L. et al. 1126.

Ilhéus: 25km na estrada Ilhéus-Una 29/04/1990, Carvalho, A.M. et al. 3183.

Itacaré: 1km S de Itacaré 07/06/1978, Mori, S.A. et al. 10169.

Itacaré: 6km SW of Itacaré on side road by small dam and hydroelectric generator by river, South of the mouth of the Rio de Contas 30/03/1974, Harley, R.M. et al. 17531.

Lençóis: Estrada Lençóis-Seabra, 20km NW de Lençóis 14/02/1994, Harley, R.M. et al. 14073.

Mucuri: 14-17km W de Mucuri 13/03/1978, Mori, S.A. et al. 10433.

Porto Seguro: BR-367, 8km de Porto Seguro 02/07/1978, Mori, S.A. 10221.

Santa Cruz Cabrália: Rodovia antiga que liga a Estação Ecológica do Pau-brasil à Santa Cruz Cabrália, km 2-9 18/06/1980, Mattos Silva, L.A. et al. 887.

Umburanas: 18km NW of Lagoinha (which is 5.5km SW of Delfino) on side road to Minas do Mimoso 07/03/1974, Harley, R.M. et al. 16933.

Umburanas: 26km NW of Lagoinha (which is 5.5km SW of Delfino) on side road to Minas do Mimoso 07/03/1974, Harley, R.M. et al. 16920.

Una: Ramal a esquerda no km 14 da BA-001, Una-Canavieiras, Comandatuba 03/06/1981, Hage, J.L. et al. 834.

Valença: Estrada Orobó, com entrada no km 3 da estrada Valença-BR-101, entre os km 3 e 10 do ramal de Orobó. 07/02/1983, Carvalho, A.M. et al. 1518.

Unloc.: ?Salzmann, P. s.n.

Pernambuco

Bonito: Reserva Municipal de Bonito 06/03/1996, Marcon, A.B. et al. 129.

Caruaru: Murici, Brejo dos Cavalos, Parque Ecológico Municipal Vasconcelos Sobrinho 01/06/1995, Melo, M.R.C.S. 85.

Saltinho 02/09/1954, Falcão, J.I.A. et al. 886.

Unloc.: 11/1837, Gardner, G. 1209.

Hypolytrum babiense M.Alves & W.W.Thomas
Bahia

Itacaré: Capoeira próxima ao litoral Sul 02/09/1970, Santos, T.S. 1065.

São Desidério: Próximo a Roda Velha, local após a estrada da Fazenda Pernambuco 24/04/1998, Azevedo, M.L.M. et al. 1348.

São Desidério: 2km da vila Roda Velha em direção à cidade, parte da estrada de terra depois do asfalto 07/11/1997, Silva, M.A. et al. 3508.

Ubaitaba: Ramal a esquerda na estrada Ubaitaba-Itacaré, 4km do loteamento da Marambaia 20/11/1991, Amorim, A. et al. 419.

Hypolytrum bullatum C.B.Clarke
Bahia

Una: 08/1820, Riedel, L. s.n., SYNTYPE, Hypoytrum bullatum C.B.Clarke.

Unloc.: 1840, Blanchet, J.S. 3161, ISOLECTOTYPE, Hypolytrum bullatum C.B.Clarke.

Pernambuco

Bonito: Reserva Municipal de Bonito, lado direito do açúde 18/09/1995, Oliveira, M. et al. 87.

Bonito: Reserva Ecológica de Bonito 18/09/1995, Andrade, I.M. 152.

Hypolytrum pulchrum (Rudge) H.Pfeiff.
Bahia

Maraú: Estrada Ubaitaba-Maraú, km 51 06/01/1982, Carvalho, A.M. et al. 1096.

Maraú: Estrada Ubaitaba-Maraú, km 47 08/03/1983, Carvalho, A.M. et al. 1658.

Hypolytrum rigens Nees
Bahia

Barra da Estiva: Serra do Sincorá, W of Barra da Estiva on the road to Jussiape 22/03/1980, Harley, R.M. et al. 20740.

Barra da Estiva: Estrada Barra da Estiva-Mucugê, km 7 04/07/1983, Coradin, L. et al. 6413.

Barra da Estiva: 6km N of Barra da Estiva on Ibicoara road 28/01/1974, Harley, R.M. et al. 15569.

Barra da Estiva: Ao pé da Serra do Sincorá, 28km NE da cidade, perto do povoado Sincorá da Serra 18/11/1988, Harley, R.M. et al. 26922.

Rio de Contas: 5km E of the Vila do Rio de Contas on the Marcolino Moura road 27/03/1977, Harley, R.M. et al. 20057.

Rio de Contas: 8km na estrada para Arapiranga (Furna) 01/11/1988, Harley, R.M. et al. 25824.

Hypolytrum schraderianum Nees
Bahia

Barra do Choça: 12km SE of Barra do Choça on the road to Itapetinga 30/03/1977, Harley, R.M. et al. 20193.

Camaca: Ramal que liga Biscó (lugarejo) ao povoado de São João da Panelinha, km 4 14/07/1978, Santos, T.S. et al. 3312.

Ilhéus: 3km N of rodoviária, Mata da Esperança, forest north of dam and reservoir 15/09/1994, Thomas, W.W. et al. 10487.

Hypolytrum verticillatum T.Koyama
Bahia

Nova Viçosa: 61km na estrada Caravelas-Nanuque 06/09/1989, Carvalho, A.M. et al. 2508.

Kyllinga brevifolia Rottb.
Bahia

Correntina: Chapadão Ocidental, islets and banks of the Rio Corrente by Correntina 23/04/1980, Harley, R.M. et al. 21619.

Ilhéus: CEPEC, km 22, BR-415, Ilhéus-Itabuna 12/02/1978, Mori, S.A. et al. 6254.

Lamarão: Área Controle da Caraiba Metais 17/02/1982, Noblick, L.R. 2531.

Kyllinga nemoralis (Forst.) Dandy ex Hutch. & Dalziel
Pernambuco

Unlocalized.

Kyllinga odorata Vahl
Bahia

Unloc.: Salzmann, P. s.n.

Unloc.: ?Salzmann, P. s.n.

Pernambuco

Unloc.: Gardner, G. s.n.

Kyllinga odorata subsp. **cylindrica** (Nees ex Wight) T.Koyama
Bahia
Conceição da Feira: 01/05/1980, Noblick, L.R. s.n.
Ilhéus: CEPEC, km 22, BR-415, Ilhéus-Itabuna, Quadra I' 01/07/1981, Hage, J.L. et al. 1024.
Santa Cruz Cabrália: Área da Estação Ecológica do Pau-brasil, 16km W de Porto Seguro, BR-367, próximo ao Plantio Puro de Jacarandá 27/09/1984, Santos, F.S. et al. 386.
Pernambuco
Unloc.: 1872.

Kyllinga pumila Michx.
Bahia
Ilhéus: CEPEC, km 22, BR-415, Ilhéus-Itabuna, Quadra C 21/05/1981, Hage, J.L. et al. 732.
Umburanas: 18km NW of Lagoinha (which is 5.5km SW of Delfino) on side road to Minas do Mimoso 07/03/1974, Harley, R.M. et al. 16935.
Unloc.: Salzmann, P. s.n.

Kyllinga squamulata Thonn. ex Vahl
Ceará
Crato: By Canal 27/02/1972, Pickersgill, B. et al. RU-72/227.
Piauí
Castelo do Piauí: Fazenda Cipó de Baixo 19/04/1994, Nascimento, M.S.B. 232.

Kyllinga vaginata Lam.
Bahia
Alcobaça: On the coast road between Alcobaça and Prado, 7km NW of Alcobaça and 1km N along road from the Rio Itanhentinga. 15/01/1977, Harley, R.M. et al. 17970.
Ilhéus: 25km na estrada Ilhéus-Una 29/04/1990, Carvalho, A.M. et al. 3188.
Maraú: BR-030, Maraú-Ubaitaba, 5km de Maraú 27/02/1980, Santos, T.S. et al. 3522.
Mucugê: 3km S de Mucugê, na estrada para Cascavel, vale do Rio Mucugê 22/04/1991, Carvalho, A.M. et al. 3063.
Porto Seguro: Pau-brasil Biological Reserve, 17km W from Porto Seguro on road to Eunápolis 19/03/1974, Harley, R.M. et al. 17158.
Unloc.: Salzmann, P. s.n.

Lagenocarpus alboniger (A.St.-Hil.) C.B.Clarke
Bahia
Água Quente: Arredores do Pico das Almas 26/03/1980, Mori, S.A. et al. 13615.
Água Quente: Pico das Almas, Vertente Oeste, entre Paramirim das Crioulas e a face NNW do pico 16/12/1988, Harley, R.M. et al. 27199.
Barra da Estiva: W of Barra da Estiva, on the road to Jussiape 22/03/1980, Harley, R.M. et al. 20747.
Rio de Contas: Pico das Almas, 18km SNW de Rio de Contas 22/07/1979, Mori, S.A. et al. 12458.
Rio de Contas: Middle NE slopes of the Pico das Almas, 25km WNW of the Vila do Rio de Contas 19/03/1977, Harley, R.M. et al. 19663.
Rio de Contas: Middle NE slopes of the Pico das Almas, 25km WNW of the Vila do Rio de Contas 18/03/1977, Harley, R.M. et al. 19640.

Rio de Contas: 2.2km W of the Rio de Contas on path to Pico das Almas, Campos do Queiroz, at base of Pico das Almas. 24/03/1996, Thomas, W.W. et al. 11111.

Lagenocarpus compactus D.A.Simpson
Bahia
Pico das Almas, vale à base do pico 20/02/1987, Harley, R.M. et al. 24489, ISOTYPE, Lagenocarpus compactus D.A.Simpson.

Lagenocarpus griseus (Boeck.) H.Pfeiff.
Bahia
Água Quente: Pico das Almas, Vertente Oeste, entre Paramirim das Crioulas e a face NNW do pico 16/12/1988, Harley, R.M. et al. 27530.
Barra da Estiva: 6km N of Barra da Estiva on Ibicoara road 28/01/1974, Harley, R.M. et al. 15548.
Rio de Contas: 6km N of the town of Rio de Contas on road to Abaíra 16/01/1974, Harley, R.M. et al. 15115.
Rio de Contas: 5km E of the Vila do Rio de Contas on the Marcolino Moura road 27/03/1977, Harley, R.M. et al. 20059.

Lagenocarpus guianensis Nees
Bahia
Ilhéus: 12km S along road from Portal de Ilhéus just past Cururape 05/01/1977, Harley, R.M. et al. 17810.
Maraú: Estrada que liga Ponta do Mutá (Porto de Campinhos) a Maraú, 22km do Porto 06/02/1979, Mori, S.A. et al. 11424.
Porto Seguro: Km 18 da BR-367, Porto Seguro-Santa Cruz Cabrália 04/12/1980, Euponino, A. 561.
Una: 3km N of Comandatuba, SE of Una 25/01/1977, Harley, R.M. et al. 18247.

Lagenocarpus rigidus (Kunth) Nees subsp. **rigidus**
Bahia
Alcobaça: Between Alcobaça and Caravelas on BA-001 highway, 20km S of Alcobaça 17/01/1977, Harley, R.M. et al. 18053.
Barra da Estiva: Estrada Barra da Estiva-Mucugê, km 7 04/07/1983, Coradin, L. et al. 6414.
Barra da Estiva: Serra do Sincorá, W of Barra da Estiva on the road to Jussiape 23/03/1980, Harley, R.M. et al. 20845.
Barra da Estiva: Serra do Sincorá, NW face of Serra do Ouro to the E of the Barra da Estiva-Ituaçu road, about 9km S of Barra da Estiva 24/03/1980, Harley, R.M. et al. 20891.
Camaçari: Rodovia que liga a BA-099 (Estrada do Coco) à Vila Parafuso 14/07/1983, Bautista, H.P. et al. 839.
Caravelas: BR-418 a 10,5km do entroncamento com a BA-001 18/03/1978, Mori, S.A. et al. 9688.
Ilhéus: 01/1822, Riedel, L. 147, HOLOTYPE, Lagenocarpus riedelianus C.B.Clarke.
Ilhéus: 01/1822, Riedel, L. 147, ISOTYPE, Lagenocarpus riedelianus C.B.Clarke.
Lençóis: Serras dos Lençóis, about 7-10km along the main Seabra-Itaberaba road, W of Lençóis turning, by the Rio Mucugezinho. 27/05/1980, Harley, R.M. et al. 22707.

Maraú: Near Maraú, 20km N from road junction from Maraú to Ponta do Mutá 03/02/1977, Harley, R.M. et al. 18561.

Maraú: 5km SE of Maraú at the junction with the new road N to Ponta do Mutá 02/02/1977, Harley, R.M. et al. 18522.

Mucugê: 2-3km approximately SW of Mucugê on the road to Cascavel 17/02/1977, Harley, R.M. et al. 18844.

Mucugê: 20km from Mucugê on road to Andaraí. Carvalho, A.M. et al. 3051.

Mucugê: 9km SW of Mucugê on road from Cascavel 07/02/1974, Harley, R.M. et al. 16102.

Mucugê: Estrada Mucugê-Guiné, 5km de Mucugê 07/09/1981, Furlan, A. et al. CFCR 1996.

Piatã: Arredores da cidade no caminho para a Capelinha 14/02/1987, Harley, R.M. et al. 24169.

Piatã: Arredores da cidade no caminho para a Capelinha 14/02/1987, Harley, R.M. et al. 24170.

Porto Seguro: BR-367, 8km de Porto Seguro 02/07/1978, Mori, S.A. 10219.

Prado: 16km S of Cumuruxatiba on the road to Prado 18/01/1977, Harley, R.M. et al. 18080.

Rio de Contas: Pico das Almas, cume. 24/11/1988, Harley, R.M. 26281.

Rio de Contas: 1km S of small town of Mato Grosso on the road to Vila do Rio de Contas 24/03/1977, Harley, R.M. et al. 19899.

Rio de Contas: Lower NE slopes of the Pico das Almas, 25km WNW of the Vila do Rio de Contas 17/02/1977, Harley, R.M. et al. 19594.

Rio de Contas: Middle and upper NE slopes of the Pico das Almas, 25km WNW of the Vila do Rio de Contas 19/03/1977, Harley, R.M. et al. 19666.

Rio de Contas: 1km S of small town of Mato Grosso on the road to Vila do Rio de Contas 24/03/1977, Harley, R.M. et al. 19899.

Salvador: Bairro of Itapuã, vicinity of airport, Dois de Julho 23/05/1981, Mori, S.A. et al. 14074.

Serra da Maricota, perto da Serra do Vento 03/07/1996, Giulietti, A.M. et al. 3365.

Umburanas: 16km NW of Lagoinha (whidh is 5.5km SW of Delfino) on side road to Minas do Mimoso 08/03/1974, Harley, R.M. et al. 16966.

Una: Ramal a esquerda no km 14 da BA-001, Una-Canavieiras, Comandatuba 03/06/1981, Hage, J.L. et al. 862.

Valença: Ramal a esquerda da rodovia que liga Valença à Guaibim (litoral), com entrada no km 9 11/12/1980, Silva, L.A.M. et al. 1244.

Unloc.: 11/12/1980, Silva, L.A.M. et al. 1244.

Paraíba

Santa Rita: 20km do centro de João Pessoa, Usina São João, Tibirizinho 05/02/1992, Agra, M.F. et al. 1386.

Lagenocarpus rigidus (Kunth) Nees subsp. ***tenuifolius*** (Boeck.) T.Koyama & Maguire

Bahia

Entre Rios: Road from Itanagra to Subaúna, 14km W of Subaúna 27/05/1981, Mori, S.A. et al. 14146.

Entre Rios: Road from Itanagra to Subaúna, 14km W of Subaúna 27/05/1981, Mori, S.A. et al. 14149.

Mucugê: 3-5km N da cidade, em direçao à Palmeiras, próximo ao Rio Moreira 20/02/1994, Harley, R.M. et al. 14278.

Mucugê: By Rio Cumbuca, 3km S of Mucugê, near site of small dam on road to Cascavel 04/02/1974, Harley, R.M. et al. 15949.

Mucugê: 3km S de Mucugê, na estrada para Jussiape 26/07/1979, Mori, S.A. et al. 12593.

Palmeiras: Km 232 da BR-242 para Ibotirama, Pai Inácio 18/12/1981, Lewis, G.P. et al. 861.

Rio de Contas: Pico das Almas, Vertente Leste, vale a Sudeste do Campo do Queiroz 03/12/1988, Harley, R.M. et al. 26583.

Rio de Contas: Pico das Almas, Vertente Leste, vale a Sudeste do Campo do Queiroz 09/11/1988, Harley, R.M. et al. 26305.

Rio de Contas: Lower NE slopes of the Pico das Almas, 25km WNW of the Vila do Rio de Contas 19/03/1977, Harley, R.M. et al. 19723.

Rio de Contas: Lower NE slopes of the Pico das Almas, 25km WNW of the Vila do Rio de Contas 17/02/1977, Harley, R.M. et al. 19583.

Rio de Contas: Lower NE slopes of the Pico das Almas, 25km WNW of the Vila do Rio de Contas 19/03/1977, Harley, R.M. et al. 19735.

Rio de Contas: Lower NE slopes of the Pico das Almas, 25km WNW of the Vila do Rio de Contas 19/03/1977, Harley, R.M. et al. 19734.

Rio de Contas: Pico das Almas, Vertente Leste, vale a Sudeste do Campo do Queiroz, ao lado Leste 21/12/1988, Harley, R.M. et al. 27411.

Lagenocarpus verticillatus (Spreng) T.Koyama & Maguire

Bahia

Alcobaça: BA-001, Alcobaça-Prado, 5km NW de Alcobaça 17/09/1978, Mori, S.A. et al. 10601.

Alcobaça: On the coast road between Alcobaça and Prado, 7km NW of Alcobaça and 1km along road from the Rio Itanhentinga 15/01/1977, Harley, R.M. et al. 17971.

Itacaré: Campo Cheiroso, 14km N of Serra Grande off of road to Itacaré 15/11/1992, Thomas, W.W. et al. 9483.

Mucuri: 7km NW de Mucuri 14/09/1978, Mori, S.A. et al. 10473.

Palmeiras: Serras dos Lençóis, Serra da Larguinha, 2km NE of Caeté-Açu (Capão Grande) 25/05/1980, Harley, R.M. et al. 22543.

Prado: 4.5km N of Prado on coast road to Cumuruxatiba 21/10/1993, Thomas, W.W. et al. 10072.

Rio de Contas: Pico das Almas, Vertente Leste, Vale a Sudeste do Campo do Queiroz 03/12/1988, Harley, R.M. et al. 26585.

Rio de Contas: Pico das Almas 14/12/1984, Stannard, B. et al. 6918.

Rio de Contas: Lower NE slopes of the Pico das Almas, 25km WNW of the Vila do Rio de Contas 17/02/1977, Harley, R.M. et al. 19588.

Salvador: 35km NE of the city, 3km NE of Itapuã, 1–2km from the shore 05/09/1978, Morawetz, W.&M. 122/5978.

Santa Cruz Cabrália: BR-367, 18,7km N de Porto
  Seguro 27/07/1978, Mori, S.A. et al. 10339.
Santa Cruz Cabrália: 11km S of Santa Cruz Cabrália
  17/03/1974, Harley, R.M. et al. 17117.
Santa Cruz Cabrália: 4km S along coast road BA-001
  from Santa Cruz Cabrália to Porto Seguro
  21/01/1977, Harley, R.M. et al. 18167.

Lagenocarpus sp.
Bahia
  Mucugê: Estrada nova Andaraí-Mucugê, entre 11-13km
    de Mucugê 08/09/1981, Furlan, A. et al. CFCR 2124.

Lipocarpha micrantha (Vahl) G.C.Tucker
Bahia
  Belmonte: 4km SW of Belmonte, on road to Itapebi
    23/03/1974, Harley, R.M. et al. 17304.
  Xique-Xique: Lagoa Itaparica, 10km W of the São
    Inácio-Xique-Xique road at the turning 13.1km N of
    São Inácio 26/02/1977, Harley, R.M. et al. 19128.
Pernambuco
  Caraiba. 25/03/1966.
  Fernando de Noronha: 07/1890, Ridley, H.N. et al. 137.
  Unloc.: 1838.
Piauí
  Oeiras: 05/1839, Gardner, G. 2377.
  Oeiras: 05/1839, Gardner, G. 2381.
  São Raimundo Nonato: s.col., s.n. 17/12/1979.

Lipocarpha salzmanniana Steud.
Bahia
  Unloc.: Salzmann, P. s.n., ISOTYPE, Lipocarpha
    salzmanniana Steud..

Oxycaryum cubense (Poepp. & Kunth) Palla
Bahia
  Anguera: Lagoa 4. 01/06/1997, França, F. et al. 2295.
  Feira de Santana: Lagoa, margem da lagoa 15/09/1996,
    Melo, E. et al. 1748.
  Feira de Santana: Lagoa 2. 03/11/1996, Melo, E. et al.
    1821.
  Itambé: BA-265, km 10 do trecho BR-415-Caatiba e a
    17km NW de Itapetinga em linha reta, próximo a
    Fazenda São João. 14/03/1979, Mori, S.A. et al. 11528.
  São Bento das Lages. 1913, Lutzelburg, Ph.von 255.
Pernambuco
  Tapera. 11/02/1933, Pickel, D.B. 2199.
  Russinha. 18/01/1935, Pickel, D.B. 3778.

Pleurostachys gaudichaudii Brongn.
Bahia
  Santa Luzia: Serra da Onça, 10.8km NE of Santa Luzia
    (30km SW of Una) on Una-Santa Luzia road, then
    4.2km N on road to Serra da Onça 21/11/1996,
    Thomas, W.W. et al. 11365.
  Una: Km 17 da estrada que liga a BR-101 (São José) à
    BA-215 14/04/1979, Mori, S.A. et al. 11718.
  Una: ReBio do Mico-leão (IBDF), km 8 da BA-001,
    Una-Ilhéus 30/11/1987, Santos, E.B. et al. 150.
  Una: BA-265, 25km de Una 26/02/1978, Mori, S.A. et
    al. 9310.

Pycreus capillifolius (A.Rich.) C.B.Clarke
Bahia
  Rio de Contas: Middle NE slopes of the Pico das
    Almas, 25km WNW of the Vila do Rio de Contas
    18/03/1977, Harley, R.M. et al. 19641.

Pycreus lanceolatus (Poir) C.B.Clarke
Bahia
  Rio de Contas: About 2km N of Rio de Contas in
    flood plain of the Rio Brumado 25/01/1974, Harley,
    R.M. et al. 15510.
  Rio de Contas: About 2km N of Rio de Contas in
    flood plain of the Rio Brumado 25/03/1977, Harley,
    R.M. et al. 19984.
  Unloc.: 1842, Glocker, E.F. 202.
  Unloc.: Salzmann, P. s.n.
Piauí
  Oeiras: 05/1839, Gardner, G. 2383.

Pycreus macrostachyos (Lam.) J.Raynal
Piauí
  Oeiras: 05/1839, Gardner, G. 2384.
  São Raimundo Nonato: Lagoa do Neco 02/02/1984,
    Emperaire, L. s.n.

Pycreus polystachyos (Rottb.) P.Beauv.
Alagoas
  Ilha de St. Pedro. 02/1838, Gardner, G. 1436.
Bahia
  Alcobaça: On the coast road between Alcobaça and
    Prado, 12km N of Alcobaça 16/01/1977, Harley,
    R.M. et al. 18008.
  Feira de Santana: Campus da UEFS 25/05/1983,
    Noblick, L.R. 2682.
  Ibicoara: Lagoa Encantada, 19km NE of Ibicoara near
    Brejão 01/02/1974, Harley, R.M. et al. 15815.
  Ilhéus: CEPEC, km 22, BR-415, Ilhéus-Itabuna,
    Quadra E' 24/03/1979, Mori, S.A. 11622.
  Ilhéus: CEPEC, km 22, BR-415, Ilhéus-Itabuna,
    próximo à hospedaria 12/02/1978, Mori, S.A. et al.
    9252.
  Ilhéus: CEPEC 12/05/1968, Belém, R.P. 3549.
  Jussiape: Margem do Rio de Contas, próximo da
    cidade, Cachoeira do Fraga 17/02/1987, Harley,
    R.M. et al. 24357.
  Livramento do Brumado: Lagoa Vargem de Dentro,
    8km Oeste da cidade 02/11/1988, Harley, R.M. et
    al. 25860.
  Maraú: 15km ao Sul de Maraú 10/05/1968, Belém,
    R.P. s.n.
  Milagres: Morro de Couro or Morro de São Cristovão
    06/03/1977, Harley, R.M. et al. 19424b.
  Santa Cruz Cabrália: 2-4km W de Santa Cruz
    Cabrália, pela estrada antiga 21/10/1978, Mori, S.A.
    et al. 10915.
  Senhor do Bonfim: Serra da Jacobina, W of Estiva,
    12km N of Senhor do Bonfim on the BA-130 to
    Juazeiro, upper W facing slopes of serra to the
    summit with television mast 28/02/1974, Harley,
    R.M. et al. 16551.
  Umburanas: 18km NW of Lagoinha (which is 5.5km
    SW of Delfino) on side road to Minas do Mimoso
    07/03/1974, Harley, R.M. et al. 16936.
  Umburanas: 19.5km SE of Morro do Chapéu on the
    BA-052 road to Mundo Novo by the Rio Ferro
    Doido 01/03/1977, Harley, R.M. et al. 19215.
  Unloc.: ?Salzmann, P. s.n.
Pernambuco
  Caraíba 25/03/1966, Cole, M. s.n.
Rio Grande do Norte

Parelhas: 1936, Luetzelburg, Ph.von 12290.
Tejucupapo 10/07/1994, Miranda, A.M. et al. 1919.
Unloc.: 1838, Gardner, G. 1214.

Piauí
São Raimundo Nonato: Olho d'Água 16/02/1984,
Emperaire, L. s.n.

Pycreus polystachyos (Rottb.) P.Beauv. var.
circinatus (Ridl.) H.B.Naithani & S.Biswas

Pernambuco
Fernando de Noronha: 1887, Ridley, H.N. et al. s.n.,
HOLOTYPE, Cyperus circinatus Ridley.

Remirea maritima Aubl.

Alagoas
Maragogi: Peroba, divisa AL-PE 31/01/1991, Barros,
C.S.S. et al. 16.

Bahia
Alcobaça: On the coast road between Alcobaça and
Prado, 10km NW of Alcobaça and 4km N along
road from the Rio Itanhentinga 15/01/1977, Harley,
R.M. et al. 17949.
Ilhéus: Riedel, L. 146.
Maraú: Ponta do Mutá (Porto de Campinhos)
06/02/1979, Mori, S.A. et al. 11364.
Santa Cruz Cabrália: 11km S of Santa Cruz Cabrália
17/03/1974, Harley, R.M. et al. 17101.
Unloc.: ?Salzmann, P. s.n.

Rhynchospora aberrans C.B.Clarke

Pernambuco
Buíque: Catimbau, Serra do Catimbau 19/10/1994,
Travassos, Z. 227.

Rhynchospora albiceps Kunth

Bahia
Barra da Estiva: Estrada Ituaçu-Barra da Estiva, 8km
de Barra da Estiva, Morro do Ouro 19/07/1981,
Giulietti, A.M. et al. CFCR 1297.
Barra da Estiva: Estrada Barra da Estiva-Mucugê, km
7 04/07/1983, Coradin, L. et al. 6422.
Barra da Estiva: 6km N of Barra da Estiva on Ibicoara
road 28/01/1974, Harley, R.M. et al. 15542.
Caetité: Km 6 da estrada Caetité-Brejinho das
Ametistas 15/04/1983, Carvalho, A.M. et al. 1734.
Correntina: Velha da Galinha, próximo ao Rio
Corrente 26/08/1995, Mendonça, R.C. et al. 2379.
Mucugê: Estrada Mucugê-Guiné, 28km de Mucugê
07/09/1981, Furlan, A. et al. CFCR 2042.
Palmeiras: Km 235 da BR-242, Pai Inácio 13/04/1990,
Carvalho, A.M. et al. 3013.
Palmeiras: Pai Inácio, BR-242, W of Palmeiras at km
232 12/06/1981, Mori, S.A. et al. 14345.
Rio de Contas: 5km E of the Vila do Rio de Contas
on the Marcolino Moura road 27/03/1977, Harley,
R.M. et al. 20055.
Rio de Contas: Lower NE slopes of the Pico das
Almas, 25km WNW of the Vila do Rio de Contas
17/02/1977, Harley, R.M. et al. 19562.

Rhynchospora almensis D.A.Simpson

Bahia
Água Quente: Pico das Almas, Vertente Norte, vale
ao Noroeste do Pico 01/12/1988, Harley, R.M. et al.
26551, ISOTYPE, Rhynchospora almensis
D.A.Simpson.

Rhynchospora armerioides J.Presl. & C.Presl.

Piauí
Unloc.: Martius, C.F.P.von s.n.

Rhynchospora barbata (Vahl) Kunth

Bahia
Belmonte: 4km SW of Belmonte on road to Itapebi
23/03/1974, Harley, R.M. et al. 17317.
Belmonte: 7km SE de Belmonte 05/01/1981,
Carvalho, A.M. et al. 416.
Comandatuba: 5km na estrada Comandatuba
04/12/1991, Amorim, A. et al. 517.
Ilhéus: On road from Olivença to Una, 20km S of
Olivença 21/04/1981, Mori, S.A. et al. 13718.
Maraú: Estrada Utaitaba-Ponta do Mutá,
entroncamento da estrada para Maraú 03/02/1983,
Carvalho, A.M. et al. 1434.
Maraú: 5km SE of Maraú at the junction with the
new road N to Ponta do Mutá 02/02/1977, Harley,
R.M. et al. 18524.
Maraú: Estrada que liga Ponta do Mutá (Porto de
Campinhos) à Maraú, 3km do Porto 05/02/1979,
Mori, S.A. et al. 11389.
Santa Cruz Cabrália: 6-7km de Santa Cruz Cabrália na
antiga estrada para a Estação Ecológica do Pau-
brasil 13/12/1991, Sant'Ana, S.C. et al. 119.
Unloc.: Salzmann, P. s.n.

Piauí
Campo Maior: Fazenda Sol Posto 10/05/1992,
Nascimento, M.S.B. 1008.
Piracuruca: 24/06/1972, Sucre, D. et al. 9332.

Sergipe
Santa Luzia do Itanhy: 2,5km do distrito de Crasto,
na estrada para Santa Luzia do Itanhy 06/10/1993,
Sant'Ana, S.C. et al. 381.

Rhynchospora brasiliensis Boeck.

Bahia
Água Quente: Pico das Almas, Vertente Norte, vale
ao Noroeste do Pico 01/12/1988, Harley, R.M. et al.
26543.
Palmeiras: Serra dos Lençóis, Serra da Larguinha,
2km NE of Caeté-Açu (Capão Grande) 25/05/1980,
Harley, R.M. et al. 22694.
Palmeiras: Serra dos Lençóis, Serra da Larguinha,
2km NE of Caeté-Açu (Capão Grande) 25/05/1980,
Harley, R.M. et al. 22594.
Rio de Contas: Pico das Almas, Vertente Leste, vale
ao Sudeste do Campo do Queiroz 02/12/1988,
Harley, R.M. et al. 26569.

Rhynchospora brevirostris Griseb.

Bahia
Maraú: Just S of Maraú 15/05/1980, Harley, R.M. et al.
22101.
Rio de Contas: Pico das Almas, Vertente Leste,
Campo do Queiroz 23/11/1988, Harley, R.M. et al.
26259.

Rhynchospora canescens (Maury) H.Pfeiff.

Bahia
Mucugê: Estrada Mucugê-Guiné, 28km de Mucugê
07/09/1981, Furlan, A. et al. CFCR 2040.
Palmeiras: Serra dos Lençóis, lower slopes of Morro
do Pai Inácio, 14.5km NW of Lençóis just N of the

main Seabra-Itaberaba road 21/05/1980, Harley, R.M. et al. 22261.

Piatã: Próximo à Serra do Gentio, entre Piatã e Serra da Tromba 21/12/1984, Stannard, B.L. et al. CFCR 7409.

Rio de Contas: Pico das Almas, Vertente Leste, Campo do Queiroz 09/11/1988, Harley, R.M. et al. 26304.

Rio de Contas: Middle NE slopes of the Pico das Almas, 25km WNW of the Vila do Rio de Contas 18/03/1977, Harley, R.M. et al. 19644.

Rhynchospora cephalotes (L.) Vahl
Bahia

Cachoeira: 2km N de Cachoeira 03/12/1992, Arbo, M.M. et al. 5531.

Entre Rios: 23km from Subaúna on road to Entre Rios 29/05/1981, Mori, S.A. et al. 14186.

Itabuna: 65km NE of Itabuna, at the mouth of the Rio de Contas on the N bank opposite Itacaré 30/01/1977, Harley, R.M. et al. 18420.

Lençóis: Arredores de Lençóis, no caminho para "As Toalhas". 03/11/1979, Mori, S.A. 12977.

Una: Fazenda Cascata, km 4 da rodovia Una-Santa Luzia 05/05/1983, Hage, J.L. et al. 1701.

Unloc.: Salzmann, P. s.n.

Paraíba

Areia: Mata do Pau Ferro, Picada dos Postes 23/12/1980, Fevereiro, V.P.B. et al. M-371.

Areia: Mata do Pau Ferro 25/11/1980, Fevereiro, V.P.B. et al. M-113.

Areia: Mata do Pau Ferro 16/09/1980, Fevereiro, V.P.B. et al. 15.

Pernambuco

Buíque: Estrada Buíque-Catimbau 08/10/1995, Figueiredo, I. et al. 212.

Island of Itamaricá (Itamaracá). 12/1837, Gardner, G. 1206.

Rhynchospora ciliolata Boeck.
Bahia

Mucugê: 5.6km N of Mucugê on road to Andaraí 18/02/1977, Harley, R.M. et al. 18884.

Palmeiras: Km 235 da BR-242, Pai Inácio 13/04/1990, Carvalho, A.M. et al. 3007.

Palmeiras: Serra dos Lençóis, lower slopes of Morro do Pai Inácio, 14.5km NW of Lençóis, just N of main Seabra-Itaberaba road 23/05/1980, Harley, R.M. et al. 22408.

Rio de Contas: 5km E of the Vila do Rio de Contas on the Marcolino Moura road 27/03/1977, Harley, R.M. et al. 20056.

Rio de Contas: 2.2km W of Rio de Contas on path to Pico das Almas, Campos do Queiroz 24/03/1996, Thomas, W.W. et al. 11115.

Rio de Contas: Middle and upper slopes of the Pico das Almas, 25km WNW of the Vila do Rio de Contas 19/03/1977, Harley, R.M. et al. 19726.

Rio de Contas: Pico das Almas, Vertente Leste, Campo do Queiroz 09/11/1988, Harley, R.M. et al. 26302.

Seabra: 24km N of Seabra on road to Água de Rega 25/02/1971, Irwin, H.S. et al. 31079.

Rhynchospora comata (Link) Schult.
Bahia

Ilhéus: 2km NNE of Banco da Vitória (5.7km West of bridge over the Rio Fundão on road to Itabuna) on road leading to West edge of Mata da Esperança 15/01/1995, Thomas, W.W. et al. 10766.

Ilhéus: 08/1821, Riedel, L. s.n.

Ilhéus: 3km N of Rodoviária, Mata da Esperança 15/09/1994, Thomas, W.W. et al. 10479.

Ilhéus: 3km N of Rodoviária, Mata da Esperança 16/03/1996, Thomas, W.W. et al. 11067.

Ilhéus: Road from Olivença to Serra das Trempes, 6km from Olivença 01/02/1992, Thomas, W.W. et al. 8998.

Itacaré: Fazenda Boa Esperança, 7km S Itacaré on road to Ilhéus, then 2.5km NW to Fazenda and forest 22/03/2000, Thomas, W.W. et al. 12088.

Porto Seguro: Reserva Florestal do Pau-brasil, CEPEC-CEPLAC, 15km W of Porto Seguro on BR-367 to Eunápolis. 20/02/1988, Thomas, W.W. et al. 6050.

Porto Seguro: Reserva Biológica do Pau-brasil (CEPLAC), 17km W from Porto Seguro on road to Eunápolis 20/01/1977, Harley, R.M. et al. 18140.

Santa Cruz Cabrália: ESPAB, Área de pousio 16/07/1981, Brito, H.S. et al. 17.

Unloc.: Salzmann, P. s.n.

Rhynchospora confinis (Nees) C.B.Clarke
Bahia

Barreiras: Estrada para Brasília, BR-242, entrada no km 23 a partir da sede do município, 23km em direçao à Cooperativa de Cotia, Cachoeira do Acaba Vida no Rio de Janeiro 12/06/1992, Amorim, A.M. et al. 564.

Ibicoara: Lagoa Encantada, 19km NE of Ibicoara near Brejao 01/02/1974, Harley, R.M. et al. 15810.

Palmeiras: Serra dos Lençóis, lower slopes of Morro do Pai Inácio, 14.5km NW of Lençóis just N of the Main Seabra-Itaberaba road 21/05/1980, Harley, R.M. et al. 22319.

Rio de Contas: Between 2.5 and 5km S of Vila do Rio de Contas on side road to W of the road to Livramento, leading to the Rio Brumado 28/03/1977, Harley, R.M. et al. 20121.

S. Thomé. Blanchet, J.S. 3817.

Rhynchospora confusa Ballard
Bahia

Campinas Boa Esperança. 1912, Lutzelburg, Ph.von 15484, SYNTYPE, Syntrinema brasiliense Radlk. ex Pfeiff..

Rhynchospora consanguinea (Kunth) Boeck.
Bahia

Barra da Estiva: Serra do Sincorá, W of Barra da Estiva, on the road to Jussiape 22/03/1980, Harley, R.M. et al. 20736.

Caetité: 6km S de Caetité, camino a Brejinho das Ametistas 20/12/1992, Arbo, M.M. et al. 5628.

Formosa do Rio Preto: Vereda a 10km da Cachoeira do Estrondo (Rio Riachão), entre a cachoeira e Formosa do Rio Preto. 13/10/1989, Walter, B.M. et al. 465.

Lençóis: Serra Larga (Serra Larguinha), Oeste de Lençóis, perto de Caeté-Açu 19/12/1984, Pirani, J.R. et al. CFCR 7207.

Morro do Chapéu: 18km E of Morro do Chapéu, Rio do Ferro Doido 19/02/1971, Irwin, H.W. et al. 32603.

Morro do Chapéu: 19.5km SE of the town of Morro do Chapéu on the BA-052 road to Mundo Novo by the Rio do Ferro Doido 02/03/197, Harley, R.M. et al. 19272.

Morro do Chapéu: BR-052, vicinity of bridge over Rio do Ferro Doido, 18km E of Morro do Chapéu 17/06/1984, Mori, S.A. et al. 14520.

Mucugê: Alto do Morro do Pina, estrada Mucugê-Guiné, 25km NO de Mucugê 20/07/1981, Giulietti, A.M. et al. CFCR 1514.

Mucugê: Serra do Sincorá, 15km NW of Mucugê on the road to Guiné e Palmeiras 26/03/1980, Harley, R.M. et al. 20998.

Palmeiras: Serras dos Lençóis, Serra da Larguinha, 2km NE of Caeté-Açu (Capão Grande) 25/05/1980, Harley, R.M. et al. 22619.

Palmeiras: Serra dos Lençóis, lower slopes of Morro do Pai Inácio, 14.5km NW of Lençóis, just N of the main Seabra-Itaberaba road 21/05/1980, Harley, R.M. et al. 22255.

Piatã: Próximo à Serra do Gentio, entre Piatã e Serra da Tromba 21/12/1984, Silva, R.M. et al. CFCR 7405.

Rio de Contas: Pico das Almas, Vertente Leste, Campo do Queiroz 23/11/1988, Harley, R.M. et al. 26260.

Rio de Contas: Pico das Almas, Vertente Leste, Campo do Queiroz 23/11/1988, Harley, R.M. et al. 26261.

Rio de Contas: Perto do Pico das Almas, Queiroz 21/02/1987, Harley, R.M. et al. 24614.

Rio de Contas: Lower NE slopes of the Pico das Almas, 25km WNW of the Vila do Rio de Contas 20/03/1977, Harley, R.M. et al. 19777.

Rhynchospora cf. *consanguinea* (Kunth) Boeck.
Bahia

Área Controle da Caraiba Metais, junto à fábrica 30/11/1982, Noblick, L.R. et al. 2184.

Rhynchospora contracta (Nees) J.Raynal
Bahia

Feira de Santana: Campus da UEFS 11/10/1982, Noblick, L.R. 2095.

Feira de Santana: BR-116, entre o retorno da C. Nova/Cidade 07/09/1983, Noblick, L.R. 2736.

Ilhéus: 1821, Riedel, L. s.n.

São Sebastião do Passé: Área da Estação Experimental Sósthenes Miranda, km 62 da BR-324, quadra G 16/07/1983, Hage, J.L. et al. 1721.

Ceará

Granjeiro: Luetzelburg, Ph. Von 23705.

Pernambuco

Fernando de Noronha: 1887, Ridley, H.N. et al. 138.

Piauí

Oeiras: Near Oeiras. 05/1839, Gardner, G. 2380.

Rhynchospora corymbosa (L.) Britton
Bahia

Barra do Choça: 5.5km Se of Barra do Choça on the road to Itapetinga 30/03/1977, Harley, R.M. et al. 20172.

Cachoeira: Mata a NE da B. Bananeiras, Vale dos Rios Paraguaçu e Jacuípe. 11/1980, Cavalo, G.P. et al. 920.

Pernambuco

Unloc.: 10/1837, Gardner, G. 1204.

Rhynchospora diodon (Nees) Griseb.
Piauí

Oeiras: Marsh hill place near Oeiras. 04/1839, Gardner, G. 2376, TYPE, Ptilochaeta diodon Nees.

Rhynchospora elatior Kunth var. *brevispiculosa* (Boeck.) A.C.Araújo
Bahia

Rio de Contas: 5km E of the Vila do Rio de Contas on the Marcolino Moura road 27/03/1977, Harley, R.M. et al. 20058.

Rio de Contas: 2km da cidade em direção a Marcolino Moura 04/03/1994, Atkins, S. et al. CFCR 14875.

Rhynchospora emaciata (Nees) Boeck.
Bahia

At the intersection of the Rio do Bora and highway BR-020 07/04/1976, Davidse, G. et al. 12103.

Mucugê: By Rio Cumbuca, 3km S of Mucugê, near site of small dam on road to Cascavel 04/02/1974, Harley, R.M. et al. 15950.

Palmeiras: Pai Inácio, km 224 da BR-242, vale entre os blocos que compõem o conjunto 19/12/1981, Carvalho, A.M. et al. 1026.

Piatã: 13/02/1987, Harley, R.M. et al. 24126.

Rio de Contas: 2km da cidade em direçao a Marcolino Moura 01/03/1994, Sano, P.T. et al. CFCR 14862.

Rio de Contas: 7km da cidade, em direção ao vilarejo de Bananal 05/03/1994, Roque, N. et al. CFCR 14884.

Rio de Contas: Serra das Almas, 5km NW de Rio de Contas 21/03/1980, Mori, S.A. et al. 13517.

Rio de Contas: Lower Northern slopes of the Pico das Almas, 25km WNW of the town of Rio de Contas 22/01/1974, Harley, R.M. et al. 15412.

Seabra: 23km N of Seabra, road to Água de Rega 24/02/1971, Irwin, H.S. et al. 30924.

Rhynchospora exaltata Kunth
Bahia

Água Quente: Pico das Almas, Vertente Oeste, entre Paramirim das Crioulas e a face NNW do pico, local chamado Morro do Chapéu 17/12/1988, Harley, R.M. et al. 27556.

Alcobaça: On the coast road between Alcobaça and Prado, 12km N of Alcobaça 16/01/1977, Harley, R.M. et al. 17997.

Área Controle da Caraiba Metais, ponto 150/002 23/11/1982, Noblick, L.R. et al. 2138.

Barra da Estiva: 6km N of Barra da Estiva on Ibicoara road 26/01/1974, Harley, R.M. et al. 15547.

Barra da Estiva: Estrada Barra da Estiva-Mucugê, km 7 04/07/1983, Coradin, L. et al. 6412.

Barreiras: Estrada para o aeroporto de Barreiras, coletas entre 5-15km a partir da sede do município 11/06/1992, Carvalho, A.M. et al. 4056.

Cairu: Rodovia Nilo Peçanha-Cairu, km 14-18 29/04/1980, Santos, T.S. et al. 3590.

Ilhéus: Fazenda Barra do Manguinho, ramal com entrada no km 12 da rodovia Pontal-Olivença, lado direito, 3km a O da entrada 24/09/1980, Silva, L.A.M. et al. 1060.

Maracás: Fazenda Juramento, 6km S de Maracás pela antiga rodovia para Jequié 27/04/1978, Mori, S.A. et al. 10022.

Maraú: Coastal zone, 5km SE of Maraú near junction with road to Campinho 14/05/1980, Harley, R.M. et al. 22051.

Maraú: 29/04/1968, Belém, R.P. 3462.

Maraú: BR-030, Ubaitaba-Maraú, 45-50km a leste de Ubaitaba 12/06/1979, Mori, S.A. et al. 11972.

Maraú: BR-030, 3km S de Maraú 07/02/1979, Mori, S.A. et al. 11460.

Porto Seguro: Parque Nacional Monte Pascoal, trail to peak of Monte Pascoal, upper slopes and top of Monte Pascoal. 14/11/1996, Thomas, W.W. et al. 11309.

Rio de Contas: Pico das Almas, Vertente Leste, NW do Campo do Queiroz 26/11/1988, Harley, R.M. et al. 26623.

Rio de Contas: Pico das Almas, Vertente Leste, abaixo da Fazenda Silvina ao longo do Riacho 20/12/1988, Harley, R.M. et al. 27406.

Santa Cruz Cabrália: Entre os km 45-56 da rodovia Eunápolis-Porto Seguro 22/10/1978, Mori, S.A. et al. 10949.

Santa Cruz Cabrália: 2-3km W de Santa Cruz Cabrália 06/04/1979, Mori, S.A. et al. 11690.

Seabra: Serra da Água de Rêga, 23km N of Seabra, road to Água de Rêga. 24/02/1971, Irwin, H.S. et al. 30908.

Umburanas: 16km NW of Lagoinha (which is 5.5km SW of Delfino) on side road to Minas do Mimoso 08/03/1974, Harley, R.M. et al. 17022.

Vitória da Conquista: BA-265, Vitória da Conquista-Barra do Choça, 9km a Leste de Vitória da Conquista 21/11/1978, Mori, S.A. et al. 11295.

Unloc.: Salzmann, P. s.n.

Rhynchospora exilis Boeck.
Piauí

Campo Maior: Fazenda Sol Posto 10/05/1992, Bona Nascimento, M.S. 1002. ISOTYPE of Rhynchospora dilectissimi-patris M.Luceño.

Rhynchospora eximia (Nees) Boeck.
Bahia

Mucugê: 3km S de Mucugê na estrada para Cascavel, vale do Rio Mucugê 14/04/1990, Carvalho, A.M. et al. 3064.

Piauí

Campo Maior: Fazenda Sol Posto 12/05/1992, Nascimento, M.S.B. 1003.

Rhynchospora gigantea Link
Bahia

Área Controle da Caraiba Metais, Lagoa Joanes II 17/02/1983, Noblick, L.R. et al. 2592.

Ilhéus: 1821, Riedel, L. s.n.

Ilhéus: CEPEC, km 22, BR-415, Ilhéus-Itabuna, quadra C 05/08/1981, Hage, J.L. et al. 1154.

Morro do Chapéu: 10km SE of Morro do Chapéu on the road to Mundo Novo 03/03/1977, Harley, R.M. et al. 19337.

Mucuri: Km 6 da rodovia Mucuri-Nova Viçosa, ramal a esquerda 20/05/1980, Silva, L.A.M. et al. 775.

Santa Cruz Cabrália: Rodovia Porto Seguro-Santa Cruz Cabrália, 13km N de Porto Seguro 06/04/1979, Mori, S.A. et al. 11666.

Umburanas: 16km NW of Lagoinha (which is 5.5km SW of Delfino) on side road to Minas do Mimoso 08/03/1974, Harley, R.M. et al. 16968.

Una: 3km N of Comandatuba, SE of Una 25/01/1977, Harley, R.M. et al. 18246.

Unloc.: Salzmann, P. s.n.

Rhynchospora globosa (Kunth) Roem. & Schult.
Bahia

Água Quente: Pico das Almas, Vertente Oeste, entre Paramirim das Crioulas e a face NNW do pico 16/12/1988, Harley, R.M. et al. 27533.

Área Controle da Caraiba Metais, Ponto radial 120 01/12/1982, Noblick, L.R. et al. 2263.

Área Controle da Caraiba Metais, Ponto radial 120 01/12/1982, Noblick, L.R. et al. 2265.

Área Controle da Caraiba Metais, Ponto 300/003 08/12/1982, Noblick, L.R. et al. 2372.

Banks of the Rio St. Francisco near Villa Nova. 03/1838, Gardner, G. et al. 1440.

Barra da Estiva: Estrada Barra da Estiva-Mucugê, km 7 04/07/1983, Coradin, L. et al. 6420.

Entre Rios: Road from Itanagra to Subaúna, 14km W of Subaúna 27/05/1981, Mori, S.A. et al. 14148.

Lençóis: Arredores de Lençóis, caminho para Barro Branco 01/11/1979, Mori, S.A. 12939.

Lençóis: Mucugezinho, km 220 da BR-242 21/10/1981, Carvalho, A.M. et al. 1060.

Palmeiras: Pai Inácio, BR-242, km 232, 15km NE de Palmeiras 24/12/1979, Mori, S.A. et al. 13215.

Palmeiras: Serra dos Lençóis, lower slopes of Morro do Pai Inácio, 14.5km NW of Lençóis just N of the main Seabra-Itaberaba road 21/05/1980, Harley, R.M. et al. 22278.

Rio de Contas: Pico das Almas, 18km SNW de Rio de Contas 24/07/1979, Mori, S.A. et al. 12490.

Rio de Contas: 4km N de Rio de Contas 21/07/1979, Mori, S.A. et al. 12398.

Rio de Contas: Pico das Almas, Vertente Leste, Campo do Queiroz 23/11/1988, Harley, R.M. et al. 26264.

Rio de Contas: Pico das Almas, Vertente Leste, Junco, 9-11km NO da cidade 06/11/1988, Harley, R.M. et al. 25961.

Rio de Contas: Pico das Almas, Vertente Leste, Junco-Fazenda Brumadinho, 12-16km NO da cidade 10/11/1988, Harley, R.M. et al. 26090.

Rio de Contas: 2.2km W of Rio de Contas on path to Pico das Almas, Campos do Queiroz at base of Pico das Almas 24/03/1996, Thomas, W.W. et al. 11113.

Rio de Contas: Pico das Almas, ao longo da estrada, 2-3km da Fazenda Morro Redondo, em direção à cidade 03/03/1994, Atkins, S. et al. CFCR 14775.

Rio de Contas: Middle NE slopes of the Pico das Almas, 25km WNW of the Vila do Rio de Contas 18/03/1977, Harley, R.M. et al. 19642.

São Desidério: Próximo a Roda Velha, logo após a entrada da Fazenda Pernambuco 24/04/1998, Mendonça, R.C. et al. 3434.

Pernambuco

At Santa Rosa, Rio Preto. 09/1839, Gardner, G. 2986.

Piauí

Unloc.: 09/1839, Gardner, G. 2986.

Rhynchospora holoschoenoides (Rich.) Herter
Bahia
Alcobaça: BA-001, 5km S de Alcobaça 18/03/1978, Mori, S.A. et al. 9648.
Belmonte: Just outside Belmonte, on the road to Itapebi 22/03/1974, Harley, R.M. et al. 17295.
Belmonte: 7km SE de Belmonte 05/01/1981, Carvalho, A.M. et al. 417.
Belmonte: On SW outskirts of town 26/03/1974, Harley, R.M. et al. 17457.
Entre Rios: 23km from Subaúma on road to Entre Rios 29/05/1981, Mori, S.A. et al. 14185.
Ibicoara: Lagoa Encantada, 19km NE of Ibicoara near Brejão 01/02/1974, Harley, R.M. et al. 15813.
Itacaré: 5km SW of Itacaré, on side road south from the main Itacaré-Ubaitaba road, S of the mouth of the Rio de Contas. 30/03/1974, Harley, R.M. et al. 17506.
Maraú: Estrada que liga Ponta do Mutá (Porto de Campinhos) à Maraú, 3km do Porto 05/02/1979, Mori, S.A. et al. 11388.
Morro do Chapéu: 19.5km SE of Morro do Chapéu on the BA-052 road to Mundo by the Rio do Ferro Doido 01/03/1977, Harley, R.M. et al. 19218.
Mucugê: 5.6km N of Mucugê on road to Andaraí 18/02/1977, Harley, R.M. et al. 18881.
Mucugê: Estrada Mucugê-Andaraí, 3–5km N de Mucugê, arredores dos Gerais do Capa Bode 21/02/1994, Harley, R.M. et al. 14348.
Mucugê: Estrada Mucugê-Andaraí, 3-5km N de Mucugê, arredores dos Gerais do Capa Bode 21/02/1994, Harley, R.M. et al. 14346.
Porto Seguro: BR-367, 8km de Porto Seguro 02/07/1978, Mori, S.A. 10220.
Santa Cruz Cabrália: Entre os kms 45-46 da BR-367, Porto Seguro-Eunápolis 22/10/1978, Mori, S.A. et al. 10947.
Santa Cruz Cabrália: Arredores da Estação Ecológica do Pau-brasil, estrada velha de Santa Cruz Cabrália, 4-6km E da sede da Estação 18/10/1978, Mori, S.A. et al. 10785.
Santa Cruz Cabrália: 6-7km de Santa Cruz Cabrália na antiga estrada para a Estação Ecológica do Pau-brasil 13/12/1991, Sant'Ana, S.C. et al. 135.
Santa Cruz Cabrália: Área da Estação Ecológica do Pau-brasil, 16km W de Porto Seguro, BR-367, Porto Seguro-Eunápolis. 27/09/1984, Santos, F.S. et al. 385.
Uruçuca: Nova estrada que liga Uruçuca à Serra Grande, 45km de Uruçuca 15/04/1978, Mori, S.A. et al. 9900.
Unloc.: Salzmann, P. s.n.
Unloc.: 1840, Salzmann, P. s.n., Possible TYPE, Rhynchospora polycephala Vahl.

Rhynchospora jubata Liebm.
Bahia
Uruçuca: Nova estrada que liga Uruçuca à Serra Grande, 28-30km de Uruçuca 15/07/1978, Mori, S.A. et al. 10230.

Rhynchospora marisculus Lindl. & Nees
Bahia
Cairu: Rodovia Nilo Peçanha-Cairu, km 14-18 29/04/1980, Santos, T.S. et al. 3588.

Rio de Contas: Lower NE slopes of the Pico das Almas, 25km WNW of the Villa do Rio de Contas 17/02/1977, Harley, R.M. et al. 19572.
Unloc.: Salzmann, P. s.n.
Unloc.: Salzmann, P. s.n., SYNTYPE, Rhynchospora marisculus Lindl..

Rhynchospora nervosa (Vahl) Boeck subsp. ***ciliata*** (G.Mey) T.Koyama
Bahia
Cachoeira: Barragem de Bananeiras. 05/1980, Cavalo, G.P. et al. 32.
Cachoeira: Represa de Bananeira 31/07/1980, Noblick, L.R. 1992.
Ilhéus: CEPEC, Km 22, BR-415, Ilhéus-Itabuna, próximo à hospedaria 12/02/1978, Mori, S.A. et al. 9249.
Ilhéus: CEPEC, km 22 da rodovia Ilhéus-Itabuna, Quadra E' 25/04/1979, Mori, S.A. et al. 11737.
Ilhéus: CEPEC 09/07/1976, Hage, J.L. 153.
Unloc.: 09/08/1892, Lindman, C.A.M. s.n.
Unloc.: Salzmann, P. s.n.
Ceará
Unloc.: Serra do Araripe 13/11/1976, Bogner, J. 1196.
Pernambuco
Estrada da Aldeia 19/07/1950, Leal, C.G. et al. 299.
Rio Formoso: Saltinho 26/08/1954, Falcão, J.I.A. et al. 820.

Rhynchospora nervosa (Vahl) Boeck. subsp. ***nervosa***
Alagoas
Maceió: 04/1838, Gardner, G. 1439.
Piauí
Sobral-Teresina, km 318 01/01/1976, Bamps, P. 5083.

Rhynchospora pilosa (Kunth) Boeck.
Bahia
Comandatuba: 5km na estrada Comandatuba 04/12/1991, Amorim, A. et al. 520b.

Rhynchospora pilosa (Kunth) Boeck. var. ***arenicola*** (Uitt.) T.Koyama
Bahia
Palmeiras: Serra dos Lençóis, Serra da Larguinha, 2km NE of Caeté-Açu (Capão Grande) 25/05/1980, Harley, R.M. et al. 22625.
Rio de Contas: Lower NE slopes of the Pico das Almas, 25km WNW of Vila do Rio de Contas 17/02/1977, Harley, R.M. et al. 19560.

Rhynchospora pubera (Vahl) Boeck.
Bahia
Área Controle da Caraiba Metais, Ponto 300/003 08/12/1982, Noblick, L.R. et al. 2383.
Belmonte: Estação Experimental Gregório Bondar, CEPLAC, Barrolândia 12/08/1981, Brito, H.S. et al. 69.
Belmonte: SW outskirts of town 26/03/1974, Harley, R.M. et al. 17455.
Canavieiras: Km 6 da rodovia Canavieiras-Cubículo, margem do Rio Pardo, 1km ada entrada do ramal 12/07/1978, Santos, T.S. et al. 3245.
Ilhéus: 02/1822, Riedel, L. s.n.
Unloc.: Salzmann, P. s.n.
Pernambuco
Unloc.: 10/1837, Gardner, G. 1208.

Rhynchospora ridleyi C.B.Clarke
Bahia
Água Quente: Pico das Almas, Vertente Oeste, entre Paramirim das Crioulas e a face NNW do pico 16/12/1988, Harley, R.M. et al. 27531.
Alcobaça: BR-255, 6km NW de Alcobaça 17/09/1978, Mori, S.A. et al. 10606.
Barra da Estiva: Morro do Ouro, 9km S da cidade na estrada para Ituaçu 16/11/1988, Harley, R.M. et al. 26471.
Campo Formoso: Água Preta, estrada Alagoinhas-Minas do Mimoso, km 15 26/06/1983, Coradin, L. et al. 5080.
Lençóis: Rio Lençóis, acima do Serrano 07/03/1984, Noblick, L.R. 3052.
Maraú: Near Maraú 16/05/1980, Harley, R.M. et al. 22140.
Morro do Chapéu: Rodovia Lage do Batata-Morro do Chapéu, km 66 28/06/1983, Coradin, L. et al. 6225.
Morro do Chapéu: 19.5km SE of the town of Morro do Chapéu on the BA-052 road to Mundo Novo, by Rio do Ferro Doido. 02/03/1977, Harley, R.M. et al. 19273.
Mucugê: 5.6km N of Mucugê on road to Andaraí 18/02/1977, Harley, R.M. et al. 18879.
Mucugê: By Rio Cumbuca, about 3km N of Mucugê near site of small dam on road to Cascavel 04/02/1974, Harley, R.M. et al. 15948.
Mucugê: By Rio Cumbuca, about 3km N of Mucugê on the road to Andaraí 15/02/1977, Harley, R.M. et al. 18713.
Mucugê: 20km from Mucugê on road to Andaraí 14/04/1990, Carvalho, A.M. et al. 3052.
Nova Viçosa: Km 5 da rodovia Nova Viçosa-Posto da Mata 24/04/1973, Pinheiro, R.S. 2100.
Palmeiras: Km 235 da BR-242, Pai Inácio 13/04/1990, Carvalho, A.M. et al. 3010.
Rio de Contas: Lower NE slopes of the Pico das Almas, 25km WNW of the Vila do Rio de Contas 20/03/1977, Harley, R.M. et al. 19780.
Rio de Contas: Pico das Almas, Vertente Leste, Junco 21/12/1988, Harley, R.M. et al. 27635.
Santa Cruz Cabrália: 5km S of Santa Cruz Cabrália 18/03/1974, Harley, R.M. et al. 17148.
Una: Ramal à esquerda no km 14 da BA-001, Una-Canavieiras, Comandatuba 03/06/1981, Hage, J.L. et al. 837.
Paraíba
Santa Rita: 20km do centro de João Pessoa, Usina São João, Tibirizinho 05/02/1992, Agra, M.F. et al. 1387.
Pernambuco
Buíque: Serra do Catimbau, Paraíso Selvagem 08/03/1996, Laurênio, A. et al. 336.
Tejucupapo 10/07/1994, Miranda, A.M. et al. 1923.

Rhynchospora riedeliana C.B.Clarke
Bahia
Maraú: Near Maraú 16/05/1980, Harley, R.M. et al. 22133.

Rhynchospora riparia (Nees) Boeck.
Bahia
Alcobaça: BA-001, Alcobaça-Prado, 5km NW de Alcobaça 17/09/1978, Mori, S.A. et al. 10603.

Belmonte: Km 8 do ramal com direçao N, que liga a rodovia Belmonte-Itapebi ao Rio Ubu com entrada no km 30 desta rodovia 18/05/1979, Silva, L.A.M. et al. 396.
Caetité: Arredores de Brejinho das Ametistas 12/03/1994, Roque, N. et al. CFCR 14985.
Ilhéus: Road from Olivença to Una, 18km S of Olivença 21/04/1981, Mori, S.A. et al. 13699.
Ilhéus: Road from Olivença to Una, 20km S of Olivença 21/04/1981, Mori, S.A. et al. 13717.
Ilhéus: 23km na estrada Ilhéus-Una 29/04/1990, Carvalho, A.M. et al. 3187.
Itabuna: 65km NE of Itabuna, at the mouth of the Rio de Contas on the N bank opposite Itacaré 01/04/1974, Harley, R.M. et al. 17595.
Maraú: BR-030, Ubaitaba-Maraú, 45-50km a Leste de Ubaitaba 12/06/1979, Mori, S.A. et al. 11940.
Morro do Chapéu: 19.5km SE of the town of Morro do Chapéu on the BA-052 road to Mundo Novo, by the Rio do Ferro Doido 04/03/1977, Harley, R.M. et al. 19389.
Porto Seguro: 13km na estrada Porto Seguro-Santa Cruz Cabrália 30/04/1990, Carvalho, A.M. et al. 3125.
Rio de Contas: Estrada Real 07/03/2000, Giulietti, A.M. et al. 1914.
Una: Ramal a esquerda no km 14 da BA-001, Una-Canavieiras, Comandatuba 03/06/1981, Hage, J.L. et al. 843.
Una: Ramal a esquerda no km 14 da BA-001, Una-Canavieiras, Comandatuba 03/06/1981, Hage, J.L. et al. 836.
Valença: Km 3 do ramal Valença-Guaibim 08/06/1973, Santos, T.S. 2364.
Unloc.: Salzmann, P. s.n.

Rhynchospora rugosa (Vahl) Gale
Bahia
Correntina: Chapadão Ocidental, islets and banks of the Rio Corrente 23/04/1980, Harley, R.M. et al. 21615.
Ibicoara: Lagoa Encantada, 19km NE of Ibicoara near Brejão 01/02/1974, Harley, R.M. et al. 15806.
Itacaré: 6km SW of Itacaré, on side road S from the main Itacaré-Ubaitaba road, S of mouth of the Rio de Contas 29/01/1977, Harley, R.M. et al. 18361.
Itacaré: 5km SW of Itacaré, on side road S from the main Itacaré-Ubaitaba road, S of the mouth of the Rio de Contas 30/03/1974, Harley, R.M. et al. 17508.
Lençóis: Arredores de Lençóis, caminho para Barro Branco 01/11/1979, Mori, S.A. 12936.
Lençóis: Serra Larga (Serra Larguinha) a Oeste de Lençóis, perto de Caeté-Açu 19/12/1984, Furlan, A. et al. CFCR 7234.
Lençóis: Acima do Serrano 07/03/1984, Noblick, L.R. 3058.
Morro do Chapéu: 19.5km SE of the town of Morro do Chapéu on the BA-052 road to Mundo Novo, by Rio Ferro Doido 02/03/1977, Harley, R.M. et al. 19275.
Mucugê: 2-3km approximately SW of Mucugê on the road to Cascavel 17/02/1977, Harley, R.M. et al. 18849.

Mucugê: 3km S de Mucugê, na estrada para Cascavel 14/04/1990, Carvalho, A.M. et al. 3066.

Mucugê: 5.6km N of Mucugê on road to Andaraí 18/02/1977, Harley, R.M. et al. 18882.

Rio de Contas: Pico das Almas, ao longo do caminho entre a Fazenda Morro Redondo e o Campo do Queiroz 03/03/1994, Atkins, S. et al. CFCR 14813.

Rio de Contas: Perto do Pico das Almas, Queiroz 21/02/1987, Harley, R.M. et al. 24596.

Rio de Contas: 10km NW de Rio de Contas 22/03/1980, Mori, S.A. et al. 13567.

Rio de Contas: Lower NE slopes of the Pico das Almas, 25km WNW of the Vila do Rio de Contas 17/02/1977, Harley, R.M. et al. 19558.

Rio de Contas: Lower NE slopes of the Pico das Almas, 25km WNW of the Vila do Rio de Contas 20/03/1977, Harley, R.M. et al. 19769.

Saúde: Caminho para a Cachoeira Paiaió 07/04/1996, Guedes, M.L. et al. 2916.

Seabra: Rio Riachão, 27km N of Seabra, road to Água de Rega 25/02/1971, Irwin, H.S. et al. 31029.

Umburanas: 16km NW of Lagoinha (which is 5.5km SW of Delfino) on side road to Minas do Mimoso 08/03/1974, Harley, R.M. et al. 16969.

Una: ReBio do Mico-leao (IBAMA) entrada no km 46 da BA-001 Ilhéus-Una 13/03/1993, Sant'Ana, S.C. et al. 289.

Uruçuca: Estrada que liga Uruçuca ao Distrito de Serra Grande, coletas a partir de 30,7km da sede do município. 24/08/1992, Amorim, A.M. et al. 615.

Rhynchospora setigera (Kunth) Boeck.
Bahia

Barra da Estiva: Morro do Ouro, 9km S da cidade na estrada para Ituaçu 16/11/1988, Harley, R.M. et al. 26472.

Palmeiras: Km 235 da BR-242, Pai Inácio 13/04/1990, Carvalho, A.M. et al. 3006.

Piatã: Estrada para Inúbia, 31 km de Piatã. 15/02/1987, Harley, R.M. et al. 24282.

Rhynchospora splendens Lindm.
Bahia

Barra do Choça: 12km SE of Barra do Choça on the road to Itapetinga 30/03/1977, Harley, R.M. et al. 20186.

Canavieiras: BA-270, Canavieiras-Camacan, 20km W de Canavieiras 13/07/1978, Santos, T.S. et al. 3277.

Rhynchospora tenerrima Nees ex Spreng.
Bahia

Belmonte: Estrada Belmonte-Itapebi, km 38 13/08/1981, Brito, H.S. et al. 111.

Correntina: Chapadão Ocidental, islets and banks of the Rio Corrente by Correntina 23/04/1980, Harley, R.M. et al. 21646.

Jacobina: Estrada que liga Jacobina a Morro do Chapéu, 1km de Jacobina, ramal que leva à Cachoeira do Alves, 10km na estrada principal 26/10/1995, Amorim, A.M. et al. 1744.

Unloc.: Salzmann, P. s.n., SYNTYPE, Spermodon setaceus Nees.

Unloc.: Salzmann, P. s.n.

Rhynchospora cf. *tenerrima* Nees ex Spreng.
Bahia

Rio de Contas: Lower NE slopes of the Pico das Almas, 25km WNW of the Vila do Rio Contas 17/02/1977, Harley, R.M. et al. 19555.

Rhynchospora tenuis Link var. *tenuis*
Bahia

Água Quente: Pico das Almas, 17km NW de Rio de Contas 24/03/1980, Mori, S.A. et al. 13586.

Alcobaça: BA-001, Alcobaça-Prado, 5km NW de Alcobaça 17/09/1978, Mori, S.A. et al. 10597.

Barra da Estiva: Serra do Sincorá, W of Barra da Estiva on the road to Jussiape 23/03/1980, Harley, R.M. et al. 20815.

Cairu: Rodovia Nilo Peçanha-Cairu, km 14-18 29/04/1980, Santos, T.S. et al. 3591.

Ibicoara: Lagoa Encantada, 19km NE of Ibicoara, near Brejão 01/02/1974, Harley, R.M. et al. 15814.

Morro do Chapéu: Summit of Morro do Chapéu, 8km SW of the town of Morro do Chapéu to the west of the road to Utinga. 30/05/1980, Harley, R.M. et al. 22801.

Morro do Chapéu: 19.5km SE of Morro do Chapéu on the BA-052 road to Mundo Novo by the Rio do Ferro Doido 01/03/1977, Harley, R.M. et al. 19217.

Morro do Chapéu: Rio do Ferro Doido, 19.5km SE of Morro do Chapéu on the BA-052 highway to Mundo Novo 31/05/1980, Harley, R.M. et al. 22877.

Mucugê: 5.6km N of Mucugê on road to Andaraí 18/02/1977, Harley, R.M. et al. 18886.

Mucugê: 3km na estrada Mucugê-Cascavel, vale do Rio Mucugê 20/03/1990, Carvalho, A.M. et al. 2942.

Palmeiras: Serra dos Lençóis, lower slopes of Morro do Pai Inácio, 14.5km NW of Lençóis just N of the main Seabra-Itaberaba road 21/05/1980, Harley, R.M. et al. 22283.

Pico das Almas, vale na base do pico 20/02/1987, Harley, R.M. et al. 24487.

Rio de Contas: Pico das Almas, Vertente Norte, Noroeste do Campo do Queiroz 23/11/1988, Harley, R.M. et al. 26290.

Rio de Contas: Pico das Almas, Vertente Leste, Campo do Queiroz 09/11/1988, Harley, R.M. et al. 25999.

Rio de Contas: 10km N of town of Rio de Contas on road to Mato Grosso 19/01/1974, Harley, R.M. et al. 15281.

Rio de Contas: 12-14km N of town of Rio de Contas on the road to Mato Grosso 17/01/1974, Harley, R.M. et al. 15165.

Rio de Contas: Middle NE slopes of the Pico das Almas, 25km WNW of the Vila do Rio de Contas 18/03/1977, Harley, R.M. et al. 19639.

Umburanas: 16km NW of Lagoinha (which is 5.5km SW of Delfino) on side road to Minas do Mimoso 08/03/1974, Harley, R.M. et al. 16970.

Umburanas: 16km NW of Lagoinha (which is 5.5km SW of Delfino) on side road to Minas do Mimoso 08/03/1974, Harley, R.M. et al. 16978.

Rhynchospora tenuis var. *maritima* (Salzm. ex Steud.) Boeck.
Bahia

Unloc: Salzmann, P. s.n.

Rhynchospora velutina (Kunth) Boeck.
Bahia
  Rio de Contas: Between 2.5 and 5km S of Vila do
    Rio de Contas on side road to W of the road to
    Livramento, leading to the Rio Brumado
    28/03/1977, Harley, R.M. et al. 20119.

Rhynchospora warmingii Boeck.
Bahia
  Caetité: 3km SW de Caetité na estrada para Brejinho
    das Ametistas 18/02/1992, Carvalho, A.M. et al. 3693.
  Mucugê: 8km SW of Mucugê, on road from Cascavel
    near Fazenda Paraguaçu 06/02/1974, Harley, R.M.
    et al. 16077.
  Rio de Contas: Arredores do povoado de Mato
    Grosso 24/10/1988, Harley, R.M. et al. 25364.
  Rio de Contas: Pico das Almas, Vertente Norte,
    Noroeste do Campo do Queiroz 26/11/1988,
    Harley, R.M. et al. 26297.

Rhynchospora wightiana Steud.
Piauí
  Oeiras: Hilly sandy places near Oeiras. 05/1839,
    Gardner, G. 2385, HOLOTYPE, Trichochaeta tenuis
    Steud.
  Oeiras: 1839, Gardner, G. 2385, ISOTYPE,
    Trichochaeta tenuis Steud..

Rhynchospora sp.
Pernambuco
  Buíque: Serra do Catimbau-Paraíso selvagem
    08/03/1996, Laurênio, A. et al. 356.

Scleria atroglumis D.A.Simpson
Bahia
  Água Quente: Pico das Almas, Vertente Norte, vale
    ao Noroeste do Pico 01/12/1988, Harley, R.M. et
    al. 26539, ISOTYPE, Scleria atroglumis
    D.A.Simpson.
  Rio de Contas: Pico das Almas, Vertente Leste,
    Fazenda Silvina, 19km NO da cidade 23/10/1988,
    Harley, R.M. et al. 25314.

Scleria bracteata Cav.
Bahia
  Alcobaça: On the coast road between Alcobaça and
    Prado, 12km N of Alcobaça 16/01/1977, Harley,
    R.M. et al. 18005.
  Área Controle da Caraiba Metais, Ponto 150/004
    01/12/1982, Noblick, L.R. et al. 2295.
  Área Controle da Caraiba Metais, Ponto 300/003.
    Noblick, L.R. et al. 2357.
  Ituberá: Km 11 na estrada Ituberá-Valença, 1–2km no
    ramal de acesso à Estaço da Telebahia
    04/02/1983, Plowman, T. et al. 12807.
  Mucuri: 7km NW de Mucuri 14/09/1978, Mori, S.A.
    et al. 10533.
  Santa Cruz Cabrália: Estrada velha de Santa Cruz
    Cabrália, 2-4km W de Santa Cruz Cabrália
    28/07/1978, Mori, S.A. et al. 10359.
  São Bento das Lages. 1913, Luetzelburg, Ph.von 136.
  Senhor do Bonfim: Serra da Jacobina, W of Estiva,
    12km N of Senhor do Bonfim on the BA-130
    highway to Juazeiro, lower W facing slopes of
    serra with television mast 01/03/1974, Harley, R.M.
    et al. 16619.

  Una: 43km na estrada Ilhéus-Una 15/09/1992,
    Amorim, A.M. et al. 739.
  Unloc.: Salzmann, P. s.n.
  Unloc.: Martius, C.F.P.von s.n.
Ceará
  Crato: 09/1838, Gardner, G. 1896.
Pernambuco
  Caruaru: Distrito de Murici, Brejo dos Cavalos
    05/09/1995, Silva, L. et al. 36.

Scleria cf. **bracteata** Cav.
Bahia
  Ilhéus: Along road from Olivença to Maruim, 5.4km
    SW of Olivença 29/01/1992, Thomas, W.W. et al.
    8928.

Scleria cyperina Kunth
Bahia
  Área Controle da Caraiba Metais 30/11/1982,
    Noblick, L.R. et al. 2182.

Scleria distans Poir.
Bahia
  Maraú: Estrada que liga Ponta do Mutá (Porto de
    Campinhos) a Maraú, 3km do Porto 05/02/1979,
    Mori, S.A. et al. 11396.
  Morro do Chapéu: 19.5km SE of the town of Morro
    do Chapéu on the BA-052 road to Mundo Novo,
    by the Rio Ferro Doido 04/03/1977, Harley, R.M.
    et al. 19388.
  Mucugê: 8km SW of Mucugê on road from Cascavel
    Fazenda Paraguaçu 06/02/1974, Harley, R.M. et al.
    16070.
  Rio de Contas: Lower NE slopes of the Pico das
    Almas, 25km WNW of the Vila do Rio de Contas
    18/03/1977, Harley, R.M. et al. 19637.
  Rio de Contas: Pico das Almas, Vertente Leste,
    Campo do Queiroz, no extremo Norte 22/12/1988,
    Harley, R.M. et al. 27417.
  Rio de Contas: 2.2km W of Rio de Contas on path to
    Pico das Almas, Campos do Queiroz, at base of
    Pico das Almas 24/03/1996, Thomas, W.W. et al.
    11124.
  São Desidério: Estiva, margem do Rio Estiva
    08/11/1997, Alvarenga, D. et al. 1045.

Scleria hirtella Sw.
Bahia
  Ilhéus: [Minas Gerais]. 05/1821, Riedel, L. 68,
    SYNTYPE, Scleria lindleyana C.B.Clarke.
  São Sebastião do Passé: Área da Estação Experimental
    Sósthenes Miranda (ESOMI) km 62 da BR-324,
    Quadra E 16/07/1983, Hage, J.L. et al. 1727.
Piauí
  Santa Rosa do Piauí: 09/1839, Gardner, G. 2984.

Scleria aff. **hirtella** Sw.
Bahia
  Itacaré: 5km SW of Itacaré, on side road S from the
    main Itacaré-Ubaitaba road, S of the mouth of the
    Rio de Contas 30/03/1974, Harley, R.M. et al.
    17498.

Scleria interrupta Rich.
Bahia
  Unloc.: Salzmann, P. s.n., LECTOTYPE, Scleria
    lindleyana C.B.Clarke.

Scleria latifolia Sw.

Bahia

Belmonte: Estação Experimental Gregório Bondar, CEPLAC, Barrolândia 12/08/1981, Brito, H.S. et al. 68.

Feira de Santana: Serra de São José 20/09/1980, Noblick, L.R. s.n.

Ilhéus: CEPEC, km 22, BR-415, Ilhéus-Itabuna, Quadra D 30/09/1981, Hage, J.L. et al. 1398.

Jacobina: Entrada a 8km na rodovia Jacobina-Capim Grosso, Itaitu, 20km da rodovia Cachoeira Véu da Noiva 27/10/1995, Jardim, J.G. et al. 737.

Parque Nacional de Monte Pascoal, on the NW side of Monte Pascoal 11/01/1977, Harley, R.M. et al. 17846.

Una: Km 37 da rodovia São José (entroncamento da BR-101)-Una 20/07/1981, Silva, L.A.M. et al. 1314.

Una: Comandatuba, 5km na estrada de Comandatuba 04/12/1992, Amorim, A.M. et al. 527.

Ceará

Unloc.: 09/06/1929, Bolland, G. 21.

Pernambuco

Bonito: Reserva Municipal de Bonito 12/09/1995, Rodrigues, E. et al. 42.

Bonito: Reserva Municipal de Bonito 12/09/1995, Rodrigues, E. et al. 49.

Bonito: Reserva Municipal de Bonito 18/09/1995, Lira, S.S. et al. 71.

Caruaru: Murici, Brejo dos Cavalos 19/10/1996, Tschá, M.C. et al. 311.

Caruaru: Distrito de Murici, Brejo dos Cavalos 11/09/1995, Melo, M.R.C.S. et al. 228.

Catucá. 11/1837, Gardner, G. 1207.

São Vicente Ferrer: Mata do Estado 08/01/1996, Silva, L.F. et al. 125.

Scleria cf. **latifolia** Sw.

Pernambuco

Bonito: Reserva Ecológica de Bonito 18/09/1995, Andrade, I.M. 153.

Scleria lindleyana C.B.Clarke

Bahia

Unloc.: Salzmann, P. s.n., LECTOTYPE, Scleria lindleyana C.B.Clarke.

Scleria macrogyne C.B.Clarke

Piauí

Rio Preto. 09/1839, Gardner, G. 2985, SYNTYPE, Scleria macrogyne C.B.Clarke.

Scleria melaleuca Rchb. ex Schltdl. & Cham.

Bahia

Ilhéus: CEPEC, km 22, BR-425, Ilhéus-Itabuna 12/05/1978, Mori, S.A. et al. 10108.

Ilhéus: CEPEC, km 22, BR-425, Ilhéus-Itabuna, Quadra E' 30/03/1979, Mori, S.A. et al. 11635.

Ilhéus: CEPEC, km 22, BR-425, Ilhéus-Itabuna, Quadra G' 25/02/1981, Hage, J.L. 479.

Ilhéus: CEPEC, km 22, BR-425, Ilhéus-Itabuna, Quadra D' 27/05/1981, Hage, J.L. et al. 750.

Livramento do Brumado: By the waterfall of the Rio Brumado, just N of Livramento do Brumado 20/01/1974, Harley, R.M. et al. 15343.

Mucuri: BR-101, Rio Mucuri. Hatschbach, G. et al. 48767.

Unloc.: Salzmann, P. s.n.

Pernambuco

Unloc.: 1838, Gardner, G. s.n.

Scleria microcarpa Nees ex Kunth

Bahia

Área Controle da Caraiba Metais, Ponto Lagoa Joanes II 17/02/1983, Noblick, L.R. et al. 2577.

Ilhéus: 11km from bridge at edge of Ilhéus on road to Serra Grande 09/02/1994, Kallunki, J. et al. 483.

Ilhéus: Blanchet, J.S. [Moricand, M.E.] et al. 2434.

Itacaré: 1km S de Itacaré, beira mar 07/06/1978, Mori, S.A. et al. 10167.

Mucuri: Próximo a ponte sobre o Rio Mucuri, na BR-101 15/09/1978, Mori, S.A. et al. 10547.

Unloc.: Salzmann, P. s.n.

Pernambuco

Unloc.: 1838, Gardner, G. s.n.

Scleria mitis P.J.Bergius

Bahia

Cachoeira: Estação Pedra do Cavalo, Vale dos Rios Paraguaçu e Jacuípe. 09/1980, Cavalo, G.P. et al. 691.

Jacobina: Ramal a direita a 5km na BA-052, Fazendinha do Boqueirão, 2km ramal a dentro 28/08/1990, Hage, J.L. et al. 2292.

São Bento das Lages. 1913, Luetzelburg, Ph.von 129.

Unloc.: Salzmann, P. s.n.

Pernambuco

São Vicente Ferrer: Mata do Estado 08/01/1996, Silva, L.F. et al. 124.

Scleria plusiophylla Steud.

Pernambuco

Bonito: Reserva Municipal de Bonito 18/09/1995, Silva, L.F. et al. 51.

Scleria scabra Willd.

Bahia

Caetité: 3km SW de Caetité na estrada para Brejinho das Ametistas 18/02/1992, Carvalho, A.M. et al. 3711.

Caetité: Km 6 da estrada Caetité-Brejinho das Ametistas 15/04/1983, Carvalho, A.M. et al. 1751.

Caetité: 6km S de Caetité, camino a Brejinho das Ametistas 20/11/1992, Arbo, M.M. et al. 5642.

Inhambupe: Margem da estrada entre Inhambupe e Alagoinhas 06/03/1958, Andrade-Lima, D. 58-2901.

Rio de Contas: Pico das Almas, Vertente Leste, 13-14km NO da cidade 28/10/1988, Harley, R.M. et al. 25725.

Rio de Contas: Pico das Almas, ao longo da estrada, 2-3km da Fazenda Morro Redondo, em direçao à cidade 03/03/1994, Atkins, S. et al. CFCR 14761.

São Desidério: 2km da vila Roda Velha em direção a cidade, parte da estrada de terra depois do asfalto 07/11/1997, Silva, M.A. et al. 3507.

Umburanas: 16km NW of Lagoinha (which is 5.5km SW of Delfino) on side road to Minas do Mimoso 08/03/1974, Harley, R.M. et al. 17023.

Scleria secans (L.) Urb.

Bahia

Área Controle da Caraiba Metais, Ponto Est. I 17/02/1983, Noblick, L.R. et al. 2571.

Conceição da Feira: 01/05/1980, Noblick, L.R. s.n.

Senhor do Bonfim: Serra da Jacobina, W of Estiva, 12km N of Senhor do Bonfim on the BA-130 highway to Juazeiro 01/03/1974, Harley, R.M. et al. 16618.

Unloc.: Salzmann, P. s.n.

Scleria setulosociliata Boeck.

Bahia

São Sebastião do Passé: Área da Estação Experimental Sósthenes Miranda (ESCMI), km 62 da BR-324, Quadra G. 16/07/1983, Hage, J.L. et al. 1722.

Scleria spicata (Spreng.) J.F.Macbr.

Bahia

Rio de Contas: Brumadinho, entre Fazenda Brumadinho e Queiroz 21/02/1987, Harley, R.M. et al. 24658.

Rio de Contas: Lower NE slopes of the Pico das Almas, 25km WNW of the Vila do Rio de Contas 17/02/1977, Harley, R.M. et al. 19559.

Scleria verrucosa Willd.

Bahia

Unloc.: Salzmann, P. s.n., SYNTYPE, Scleria macrocarpa Salzm. ex. Boeck..

Ceará

Serra de Araripe. 09/1838, Gardner, G. 1895.

Scleria virgata Steud.

Bahia

Ilhéus: Road from Olivença to Serra das Trempes, 6km from Olivença 01/02/1992, Thomas, W.W. et al. 8999.

Trilepis lhotzkiana Nees

Bahia

Água Quente: Pico das Almas, Vertente Oeste, entre Paramirim das Crioulas e a face NNW do pico 16/12/1988, Harley, R.M. et al. 27509.

Maracás: Km 7 da estrada Maracás-Contendas do Sincorá, afloramento rochoso no lado S da estrada 09/02/1983, Carvalho, A.M. et al. 1572.

Maracás: BA-026, 6km SW de Maracás 26/04/1978, Mori, S.A. et al. 9943.

Milagres: Morro de Couro or Morro São Cristóvão 06/03/1977, Harley, R.M. et al. 19425.

Morro do Chapéu: Morrão al Sur de Morro do Chapéu 28/11/1992, Arbo, M.M. et al. 5403.

Morro do Chapéu: 19.5km SE of the town of Morro do Chapéu on the BA-052 road to Mundo Novo, by the Rio do Ferro doido 02/03/1977, Harley, R.M. et al. 19256.

Palmeiras: Pai Inácio, BR-242, km 232, 15km NE de Palmeiras 24/12/1979, Mori, S.A. et al. 13233.

Rio de Contas: Pico das Almas, Vertente Leste, Trilho, Fazenda Silvina-Queiroz, perto da fazenda 21/12/1988, Harley, R.M. et al. 27330.

Rio de Contas: Pico das Almas, Vertente Leste, montanha a Sudeste do Queiroz 30/11/1988, Harley, R.M. et al. 26515.

Rio de Contas: Pico das Almas 14/12/1984, Stannard, B. et al. CFCR 6919.

Websteria confervoides (Kunth) Boeck.

Bahia

Rio de Contas: Luetzelburg, Ph.von 271.

Lista de exsicatas

Agra, M.F. 1386 – *Lagenocarpus rigidus* subsp. *rigidus*; 1387 – *Rhynchospora ridleyi*; 1449 – *Abildgaardia baeothryon*.

Alvarenga, D. 1045 – *Scleria distans*.

Amorim, A.M. 405 – *Becquerelia cymosa* subsp. *cymosa*; 419 – *Hypolytrum bahiense*; 503 – *Bulbostylis junciformis*; 515 – *Bulbostylis junciformis*; 517 – *Rhynchospora barbata*; 520a – *Rhynchospora pilosa*; 520b – *Bulbostylis junciformis*; 521 – *Bulbostylis capillaris*; 527 – *Scleria latifolia*; 564 – *Rhynchospora confinis*; 615 – *Rhynchospora rugosa*; 739 – *Scleria bracteata*; 1744 – *Rhynchospora tenerrima*.

Anderson, W.R. 36621 – *Cyperus haspan*; 37005 – *Cyperus prolixus*; 37011 – *Cyperus surinamensis*; 37012 – *Cyperus luzulae*.

Andrade, I.M. 152 – *Hypolytrum bullatum*; 153 – *Scleria* cf. *latifolia*.

Andrade-Lima, D. 58-2901 – *Scleria scabra*.

Arbo, M.M. 5403 – *Trilepis lhotzkiana*; 5531 – *Rhynchospora cephalotes*; 5622 – *Bulbostylis scabra*; 5628 – *Rhynchospora consanguinea*; 5642 – *Scleria scabra*; 5706 – *Bulbostylis paradoxa*; 7391 – *Bulbostylis ciliatifolia*; 7494 – *Bulbostylis conifera*.

Atkins, S. CFCR 14761 – *Scleria scabra*; CFCR 14775 – *Rhynchospora globosa*; CFCR 14813 – *Rhynchospora rugosa*; CFCR 14875 – *Rhynchospora elatior* var. *breviscpiculosa*.

Azevedo, M.L.M. 1348 – *Hypolytrum bahiense*.

Bamps, P. 5083 – *Rhynchospora nervosa* subsp. *nervosa*.

Barros, C.S.S. 16 – *Remirea maritima*.

Bautista, H.P. 839 – *Lagenocarpus rigidus* subsp. *rigidus*.

Belém, R.P. s.n. – *Pycreus polystachyos*; 2564 – *Cyperus difformis*; 3462 – *Rhynchospora exaltata*; 3549 – *Pycreus polystachyos*.

Blanchet, J.S. 2434 – *Scleria microcarpa*; 3161 – *Hypolytrum bullatum*; 3744 – *Bulbostylis jacobinae*; 3817 – *Rhynchospora confinis*.

Bogner, J. 1196 – *Rhynchospora nervosa* subsp. *ciliata*; 1208 – *Cyperus simplex*; 1220 – *Fimbristylis vahlii*.

Bolland, G. 21 – *Scleria latifolia*.

Brito, H.S. 17 – *Rhynchospora comata*; 51 – *Cyperus digitatus*; 52 – *Cyperus haspan*; 68 – *Scleria latifolia*; 69 – *Rhynchospora pubera*; 111 – *Rhynchospora tenerrima*.

Brochado, A.L. 190 – *Eleocharis geniculata*; 191 – *Fimbristylis cymosa*.

Carvalho, A.M. 222 – *Fimbristylis dichotoma*; 224 – *Eleocharis bahiensis*; 390 – *Becquerelia clarkei*; 415 – *Bulbostylis junciformis*; 416 – *Rhynchospora barbata*; 417 – *Rhynchospora holoschoenoides*; 450 and 589 – *Eleocharis geniculata*; 591 – *Cyperus articulatus*; 1026 – *Rhynchospora emaciata*; 1060 – *Rhynchospora globosa*; 1096 – *Hypolytrum pulchrum*; 1098 – *Abildgaardia baeothryon*; 1434 – *Rhynchospora barbata*; 1518 – *Fuirena umbellata*; 1532 – *Cyperus uncinulatus*; 1572 – *Trilepis lhotzkiana*; 1658 – *Hypolytrum pulchrum*; 1734 – *Rhynchospora albiceps*;

1751 – *Scleria scabra*; 2508 – *Hypolytrum verticillatum*; 2514 – *Bulbostylis capillaris*; 2617 – *Cyperus brumadoi*; 2689 – *Cyperus uncinulatus*; 2934 – *Abildgaardia baeothryon*; 2942 – *Rhynchospora tenuis* var. *tenuis*; 3006 – *Rhynchospora setigera*; 3007 – *Rhynchospora ciliolata*; 3010 – *Rhynchospora ridleyi*; 3013 – *Rhynchospora albiceps*; 3015 – *Bulbostylis vestita*; 3050 – *Abildgaardia baeothryon*; 3051 – *Lagenocarpus rigidus* subsp. *rigidus*; 3052 – *Rhynchospora ridleyi*; 3056 – *Cyperus haspan*; 3062 – *Eleocharis maculosa*; 3063 – *Kyllinga vaginata*; 3064 – *Rhynchospora eximia*; 3066 – *Rhynchospora rugosa*; 3124 – *Abildgaardia baeothryon*; 3125 – *Rhynchospora riparia*; 3126 – *Bulbostylis junciformis*; 3168 – *Cyperus digitatus*; 3182 – *Fimbristylis complanata*; 3183 – *Fuirena umbellata*; 3184 – *Eleocharis nana*; 3185 – *Cyperus haspan* var. *coarctatus*; 3187 – *Rhynchospora riparia*; 3188 – *Kyllinga vaginata*; 3230 – *Cyperus subcastaneus*; 3232 – *Cyperus schomburgkianus*; 3693 – *Rhynchospora warmingii*; 3711 – *Scleria scabra*; 3718 – *Bulbostylis sphaerocephala*; 3749 – *Cyperus uncinulatus*; 3875 – *Cyperus surinamensis*; 3876 – *Fimbristylis cymosa*; 4056 – *Rhynchospora exaltata*; 6118 – *Calyptrocarya glomerulata*.

Pedra Cavalo, G. 6 – *Cyperus articulatus*; 12 – *Cyperus entrerianus*; 16 – *Cyperus odoratus*; 32 – *Rhynchospora nervosa* subsp. *ciliata*; 33 – *Fimbristylis cymosa*; 117 – *Cyperus entrerianus*; 136 – *Cyperus uncinulatus*; 153 – *Cyperus simplex*; 534 – *Eleocharis geniculata*; 691 – *Scleria mitis*; 917 – *Eleocharis geniculata*; 920 – *Rhynchospora corymbosa*.

Cole, M. s.n. – *Pycreus polystachyos*.

Coradin, L. 5080 – *Rhynchospora ridleyi*; 6093 – *Fimbristylis complanata*; 6143 and 6143 – *Bulbostylis capillaris*; 6225 – *Rhynchospora ridleyi*; 6290 – *Bulbostylis conifera*; 6412 – *Rhynchospora exaltata*; 6413 – *Hypolytrum rigens*; 6414 – *Lagenocarpus rigidus* subsp. *rigidus*; 6420 – *Rhynchospora globosa*; 6422 – *Rhynchospora albiceps*; 6461 – *Bulbostylis junciformis*.

Davidse, G. 12009 – *Cyperus imbricatus*; 12103 – *Rhynchospora emaciata*.

Eiten, G. 4777 – *Eleocharis filiculmis*.

Emperaire, L. s.n. – *Pycreus macrostachyos*; s.n. – *Pycreus polystachyos*.

Euponino, A. 561 – *Lagenocarpus guianensis*.

Falcão, J.I.A. 820 – *Rhynchospora nervosa* subsp. *ciliata*; 886 – *Fuirena umbellata*; 932 – *Fimbristylis autumnalis*; 933 – *Cyperus haspan*; 934 – *Cyperus luzulae*; 935 – *Fimbristylis autumnalis*; 939 – *Fimbristylis dichotoma*.

Fevereiro, V.P.B. s.n. – *Cyperus eragrostis*; 15, M-113 and M-371 – *Rhynchospora cephalotes*.

Figueiredo, I. 212 – *Rhynchospora cephalotes*.

França, F. 1769 – *Eleocharis montana*; 2295 – *Oxycaryum cubense*.

Froés, R.L. 19944 – *Becquerelia clarkei*.

Furlan, A. CFCR 1980 – *Eleocharis rugosa*; CFCR 1992 – *Eleocharis nana*; CFCR 1996 – *Lagenocarpus rigidus* subsp. *rigidus*; CFCR 2040 – *Rhynchospora canescens*; CFCR 2042 – *Rhynchospora albiceps*; CFCR 2124 – *Lagenocarpus* sp.; CFCR 7234 – *Rhynchospora rugosa*; CFCR 7534 – *Bulbostylis junciformis*.

Ganev, W. 2504 – *Eleocharis maculosa*.

Gardner, G. s.n. – *Cyperus aggregatus*; s.n. – *Cyperus digitatus*; s.n. – *Cyperus laxus*; s.n. – *Eleocharis elegans*; s.n. – *Eleocharis mutata*; s.n. – *Fimbristylis dichotoma*; s.n. – *Kyllinga odorata*; s.n. – *Scleria melaleuca*; s.n. – *Scleria microcarpa*; 1201 – *Fimbristylis cymosa*; 1202 – *Fimbristylis ferruginea*; 1203 – *Eleocharis geniculata*; 1204 – *Rhynchospora corymbosa*; 1205 – *Bolboschoenus maritimus* var. *macrostachys*; 1206 – *Rhynchospora cephalotes*; 1207 – *Scleria latifolia*; 1208 – *Rhynchospora pubera*; 1209 – *Fuirena umbellata*; 1210 – *Cyperus articulatus*; 1212 – *Cyperus surinamensis*; 1213 – *Cyperus gardneri*; 1214 – *Pycreus polystachyos*; 1216 – *Cyperus ligularis*; 1436 – *Pycreus polystachyos*; 1437 – *Bulbostylis capillaris*; 1438 – *Abildgaardia ovata*; 1439 – *Rhynchospora nervosa* subsp. *nervosa*; 1440 – *Rhynchospora holoschoenoides*; 1895 – *Scleria macrophylla*; 1896 – *Scleria bracteata*; 1897 – *Fimbristylis complanata*; 1898 – *Cyperus giganteus*; 2017 – *Cyperus simplex*; 2374 – *Eleocharis nigrescens*; 2375 – *Bulbostylis conifera*; 2376 – *Rhynchospora diodon*; 2377 – *Lipocarpha micrantha*; 2379 – *Fimbristylis dichotoma*; 2380 – *Rhynchospora contracta*; 2381 – *Lipocarpha micrantha*; 2382 – *Bulbostylis junciformis*; 2383 – *Pycreus lanceolatus*; 2384 – *Pycreus macrostachyos*; 2385 – *Rhynchospora wightiana*; 2982 – *Bulbostylis junciformis*; 2983 – *Bulbostylis jacobinae*; 2984 – *Scleria hirtella*; 2985 – *Scleria macrogyne*; 2986 – *Rhynchospora globosa*.

Giulietti, A.M. CFCR 1297 – *Rhynchospora albiceps*; CFCR 1514 – *Rhynchospora consanguinea*; 1908 – *Eleocharis* aff. *geniculata*; 1914 – *Rhynchospora riparia*; 1918 – *Cyperus haspan*; 1922 – *Cyperus surinamensis*; 3264 – *Abildgaardia baeothryon*; 3365 – *Lagenocarpus rigidus* subsp. *rigidus*.

Glocker, E.F. von 202 – *Pycreus lanceolatus*; 209 – *Bulbostylis truncata*; 216 – *Cyperus rotundus*.

Guedes, M.L. 2916 – *Rhynchospora rugosa*; 2919 – *Eleocharis* cf. *nigrescens*.

Hage, J.L. 153 – *Rhynchospora nervosa* subsp. *ciliata*; 325 – *Cyperus luzulae*; 404 – *Eleocharis interstincta*; 405 – *Cyperus haspan*; 450 – *Cyperus retrorsus* var. *cylindricus*; 479 – *Scleria melaleuca*; 654 – *Cyperus ligularis*; 730 – *Cyperus haspan*; 732 – *Kyllinga pumila*; 744 – *Fimbristylis dichotoma*; 750 – *Scleria melaleuca*; 751 – *Cyperus haspan*; 798 – *Becquerelia clarkei*; 834 – *Fuirena umbellata*; 836 – *Rhynchospora riparia*; 837 – *Rhynchospora ridleyi*; 843 – *Rhynchospora riparia*; 862 – *Lagenocarpus rigidus* subsp. *rigidus*; 1024 – *Kyllinga odorata* subsp. *cylindrica*; 1126 – *Fuirena umbellata*; 1127 – *Cyperus difformis*; 1128 – *Cyperus iria*; 1154 – *Rhynchospora gigantea*; 1164 – *Fimbristylis dichotoma*; 1186 – *Eleocharis geniculata*; 1189 – *Cyperus iria*; 1190 – *Cyperus difformis*; 1274 – *Cyperus simplex*; 1289 – *Cyperus compressus*; 1398 –

Scleria latifolia; 1538 – *Cyperus simplex*; 1572 – *Cyperus rotundus*; 1583 – *Eleocharis montana*; 1610 – *Cyperus laxus*; 1701 – *Rhynchospora cephalotes*; 1721 – *Rhynchospora contracta*; 1722 – *Scleria setuloso-ciliata*; 1727 – *Scleria hirtella*; 2292 – *Scleria mitis*.

Harley, R.M. 7225 – *Abildgaardia baeothryon*; 7292 and 14067 – *Cyperus haspan*; 14073 – *Fuirena umbellata*; 14195 – *Cyperus* sp.; 14278 – *Lagenocarpus rigidus* subsp. *tenuifolius*; 14346 and 14348 – *Rhynchospora holoschoenoides*; 14351 – *Cyperus haspan*; 15115 – *Lagenocarpus griseus*; 15165 and 15281 – *Rhynchospora tenuis* var. *tenuis*; 15282 – *Eleocharis maculosa*; 15284 – *Fimbristylis complanata*; 15323 – *Cyperus prolixus*; 15343 – *Scleria melaleuca*; 15344 – *Cyperus laxus*; 15362 – *Bulbostylis junciformis*; 15410 – *Cyperus schomburgkianus*; 15412 – *Rhynchospora emaciata*; 15475 – *Cyperus pohlii* var. *bahiensis*; 15492 – *Bulbostylis juncoides*; 15506 – *Eleocharis interstincta*; 15507 – *Eleocharis flavescens*; 15510 – *Pycreus lanceolatus*; 15542 – *Rhynchospora albiceps*; 15547 – *Rhynchospora exaltata*; 15548 – *Lagenocarpus griseus*; 15569 – *Hypolytrum rigens*; 15806 – *Rhynchospora rugosa*; 15810 – *Rhynchospora confinis*; 15811 – *Fimbristylis complanata*; 15813 – *Rhynchospora holoschoenoides*; 15814 – *Rhynchospora tenuis* var. *tenuis*; 15815 – *Pycreus polystachyos*; 15816 – *Cyperus aggregatus*; 15817 – *Cyperus virens*; 15820 – *Cyperus articulatus*; 15946 – *Cyperus pohlii* var. *bahiensis*; 15947 – *Abildgaardia baeothryon*; 15948 – *Rhynchospora ridleyi*; 15949 – *Lagenocarpus rigidus* subsp. *tenuifolius*; 15950 – *Rhynchospora emaciata*; 15972 – *Eleocharis rugosa*; 15983 – *Bulbostylis capillaris*; 16010 – *Cyperus pohlii* var. *bahiensis*; 16011 – *Cyperus haspan*; 16070 – *Scleria distans*; 16077 – *Rhynchospora warmingii*; 16088 – *Cyperus distans*; 16101 – *Abildgaardia baeothryon*; 16102 – *Lagenocarpus rigidus* subsp. *rigidus*; 16207 – *Cyperus articulatus*; 16270 – *Cyperus odoratus*; 16503 – *Cyperus articulatus*; 16551 – *Pycreus polystachyos*; 16601 – *Bulbostylis capillaris*; 16618 – *Scleria secans*; 16619 – *Scleria bracteata*; 16796 – *Bulbostylis junciformis*; 16920 – *Fuirena umbellata*; 16930 – *Cyperus surinamensis*; 16931 – *Cyperus meyenianus*; 16932 – *Cyperus haspan*; 16933 – *Fuirena umbellata*; 16934 – *Fimbristylis complanata*; 16935 – *Kyllinga pumila*; 16936 – *Pycreus polystachyos*; 16953 – *Bulbostylis junciformis*; 16966 – *Lagenocarpus rigidus* subsp. *rigidus*; 16968 – *Rhynchospora gigantea*; 16969 – *Rhynchospora rugosa*; 16970 – *Rhynchospora tenuis* var. *tenuis*; 16975 – *Fimbristylis complanata*; 16978 – *Rhynchospora tenuis* var. *tenuis*; 16979 and 16980 – *Eleocharis minima* var. *minima*; 16982 – *Eleocharis rugosa*; 16984 – *Cyperus schomburgkianus*; 17022 and 17022 – *Rhynchospora exaltata*; 17023 – *Scleria scabra*; 17074 – *Abildgaardia baeothryon*; 17101 – *Remirea maritima*; 17103 – *Bulbostylis hirtella*; 17104 – *Bulbostylis junciformis*; 17111 – *Bulbostylis capillaris*; 17117 – *Lagenocarpus verticillatus*; 17134 – *Fimbristylis cymosa*; 17148 – *Rhynchospora ridleyi*; 17158 – *Kyllinga vaginata*; 17170 – *Becquerelia cymosa* subsp. *cymosa*; 17216 – *Fimbristylis spadicea*;

17228 – *Calyptrocarya glomerulata*; 17275 – *Cyperus sphacelatus*; 17278 – *Cyperus ligularis*; 17295 – *Rhynchospora holoschoenoides*; 17304 – *Lipocarpha micrantha*; 17317 – *Rhynchospora barbata*; 17455 – *Rhynchospora pubera*; 17456 – *Fimbristylis dichotoma*; 17457 – *Rhynchospora holoschoenoides*; 17458 – *Fimbristylis dichotoma*; 17498 – *Scleria* aff. *hirtella*; 17506 – *Rhynchospora holoschoenoides*; 17508 – *Rhynchospora rugosa*; 17531 – *Fuirena umbellata*; 17585 – *Fimbristylis cymosa*; 17595 – *Rhynchospora riparia*; 17810 – *Lagenocarpus guianensis*; 17831 – *Becquerelia cymosa* subsp. *cymosa*; 17846 – *Scleria latifolia*; 17925 – *Cyperus* cf. *meyerianus*; 17929 – *Bulbostylis vestita*; 17949 – *Remirea maritima*; 17970 – *Kyllinga vaginata*; 17971 – *Lagenocarpus verticillatus*; 17972 – *Abildgaardia baeothryon*; 17986 – *Cyperus haspan*; 17987 – *Fimbristylis dichotoma*; 17997 – *Rhynchospora exaltata*; 18005 – *Scleria bracteata*; 18008 – *Pycreus polystachyos*; 18053 and 18080 – *Lagenocarpus rigidus* subsp. *rigidus*; 18140 – *Rhynchospora comata*; 18167 – *Lagenocarpus verticillatus*; 18179 – *Becquerelia clarkei*; 18211 – *Eleocharis sellowiana*; 18213 – *Diplacrum capitatum*; 18246 – *Rhynchospora gigantea*; 18247 – *Lagenocarpus guianensis*; 18327 – *Eleocharis geniculata*; 18361 – *Rhynchospora rugosa*; 18376 – *Becquerelia cymosa* subsp. *cymosa*; 18420 – *Rhynchospora cephalotes*; 18522 – *Lagenocarpus rigidus* subsp. *rigidus*; 18524 – *Rhynchospora barbata*; 18561 – *Lagenocarpus rigidus* subsp. *rigidus*; 18578 – *Bulbostylis* cf. *capillaris*; 18582 – *Cyperus subcastaneus*; 18624 – *Cyperus uncinulatus*; 18692 – *Abildgaardia baeothryon*; 18710 – *Cyperus pohlii* var. *bahiensis*; 18713 – *Rhynchospora ridleyi*; 18811 – *Cyperus pohlii* var. *bahiensis*; 18839 – *Cyperus schomburgkianus*; 18844 – *Lagenocarpus rigidus*; subsp. *rigidus*; 18846 – *Eleocharis olivaceonux*; 18849 – *Rhynchospora rugosa*; 18878 – *Bulbostylis junciformis*; 18879 – *Rhynchospora ridleyi*; 18881 – *Rhynchospora holoschoenoides*; 18882 – *Rhynchospora rugosa*; 18883 – *Bulbostylis capillaris*; 18884 – *Rhynchospora ciliolata*; 18885 – *Abildgaardia baeothryon*; 18886 – *Rhynchospora tenuis* var. *tenuis*; 18895 and 18931 – *Bulbostylis* cf. *capillaris*; 18939 – *Cyperus schomburgkianus*; 18946 – *Cyperus uncinulatus*; 19001 – *Bulbostylis conifera*; 19126 – *Eleocharis atropurpurea*; 19128 – *Lipocarpha micrantha*; 19129 – *Cyperus uncinulatus*; 19130 – *Cyperus schomburgkianus*; 19211 – *Cyperus surinamensis*; 19213 – *Cyperus haspan*; 19215 – *Pycreus polystachyos*; 19216 – *Fimbristylis complanata*; 19217 – *Rhynchospora tenuis* var. *tenuis*; 19218 – *Rhynchospora holoschoenoides*; 19220 – *Cyperus haspan*; 19253 – *Cyperus schomburgkianus*; 19255 – *Cyperus compressus*; 19256 – *Trilepis lhotzkiana*; 19257 – *Bulbostylis capillaris*; 19272 – *Rhynchospora consanguinea*; 19273 – *Rhynchospora ridleyi*; 19274 – *Fimbristylis dichotoma*; 19275 – *Rhynchospora rugosa*; 19337 – *Rhynchospora gigantea*; 19355 – *Cyperus palustris*; 19356 – *Bulbostylis distichoides*; 19388 – *Scleria distans*; 19389 – *Rhynchospora riparia*; 19390 – *Fimbristylis cymosa*; 19391 – *Fimbristylis complanata*; 19424a – *Bulbostylis*

capillaris; 19424b – *Pycreus polystachyos*; 19425 – *Trilepis lhotzkiana*; 19467 – *Cyperus coriifolius*; 19553 – *Bulbostylis* cf. *capillaris*; 19555 – *Rhynchospora* cf. *tenerrima*; 19556 – *Abildgaardia baeothryon*; 19558 – *Rhynchospora rugosa*; 19559 – *Scleria spicata*; 19560 – *Rhynchospora pilosa* var. *arenicola*; 19562 – *Rhynchospora albiceps*; 19570 – *Cyperus subcastaneus*; 19572 – *Rhynchospora marisculus*; 19576 – *Eleocharis rugosa*; 19583 – *Lagenocarpus rigidus* subsp. *tenuifolius*; 19584 – *Cyperus subcastaneus*; 19587 – *Cyperus schomburgkianus*; 19588 – *Lagenocarpus verticilatus*; 19594 – *Lagenocarpus rigidus* subsp. *rigidus*; 19637 – *Scleria distans*; 19638 – *Eleocharis plicarhachis*; 19639 – *Rhynchospora tenuis* var. *tenuis*; 19640 – *Lagenocarpus alboniger*; 19641 – *Pycreus capillifolius*; 19642 – *Rhynchospora globosa*; 19644 – *Rhynchospora canescens*; 19649 – *Cyperus haspan*; 19653 – *Bulbostylis* cf. *barbata*; 19658 – *Bulbostylis capillaris*; 19660 – *Bulbostylis junciformis*; 19663 – *Lagenocarpus alboniger*; 19666 – *Lagenocarpus rigidus* subsp. *rigidus*; 19723 – *Lagenocarpus rigidus* subsp. *tenuifolius*; 19726 – *Rhynchospora ciliolata*; 19734 and 19735 – *Lagenocarpus rigidus* subsp. *tenuifolius*; 19769 – *Rhynchospora rugosa*; 19777 – *Rhynchospora consanguinea*; 19780 – *Rhynchospora ridleyi*; 19807 – *Eleocharis maculosa*; 19850 – *Eleocharis* cf. *glaucovirens*; 19876 – *Eleocharis montana*; 19898 – *Cyperus haspan*; 19899 – *Lagenocarpus rigidus* subsp. *rigidus*; 19974 – *Cyperus aggregatus*; 19983 – *Ascolepis brasiliensis*; 19984 – *Pycreus lanceolatus*; 20028 – *Cyperus odoratus*; 20029 – *Eleocharis mutata*; 20030 – *Fimbristylis cymosa*; 20055 – *Rhynchospora albiceps*; 20056 – *Rhynchospora ciliolata*; 20057 – *Hypolytrum rigens*; 20058 – *Rhynchospora elatior* var. *brevispiculosa*; 20059 – *Lagenocarpus griseus*; 20102 – *Cyperus subcastaneus*; 20103 and 20118 – *Bulbostylis capillaris*; 20119 – *Rhynchospora velutina*; 20120 – *Ascolepis brasiliensis*; 20121 – *Rhynchospora confinis*; 20124 – *Calyptrocarya glomerulata*; 20171 – *Becquerelia cymosa* subsp. *cymosa*; 20172 – *Rhynchospora corymbosa*; 20186 – *Rhynchospora splendens*; 20193 – *Hypolytrum schraderianum*; 20736 – *Rhynchospora consanguinea*; 20740 – *Hypolytrum rigens*; 20747 – *Lagenocarpus alboniger*; 20815 – *Rhynchospora tenuis* var. *tenuis*; 20845 and 20891 – *Lagenocarpus rigidus* subsp. *rigidus*; 20998 – *Rhynchospora consanguinea*; 21030 – *Cyperus schomburgkianus*; 21315 – *Bulbostylis vestita*; 21432 – *Eleocharis elegans*; 21434 – *Eleocharis atropurpurea*; 21613 – *Eleocharis filiculmis*; 21615 – *Rhynchospora rugosa*; 21619 – *Kyllinga brevifolia*; 21640 – *Fuirena umbellata*; 21646 – *Rhynchospora tenerrima*; 21657 – *Diplacrum capitatum*; 21831 – *Eleocharis filiculmis*; 21950 – *Fuirena umbellata*; 21957 – *Eleocharis mutata*; 21964 – *Eleocharis* aff. *filiculmis*; 22046 – *Cyperus meyenianus*; 22051 – *Rhynchospora exaltata*; 22079 – *Becquerelia cymosa* subsp. *cymosa*; 22081 – *Diplacrum capitatum*; 22101 – *Rhynchospora brevirostris*; 22133 – *Rhynchospora riedeliana*; 22140 – *Rhynchospora ridleyi*; 22143 – *Abildgaardia baeothryon*; 22255 – *Rhynchospora consanguinea*;

22261 – *Rhynchospora canescens*; 22278 – *Rhynchospora globosa*; 22283 – *Rhynchospora tenuis* var. *tenuis*; 22319 – *Rhynchospora confinis*; 22321 – *Bulbostylis conifera*; 22408 – *Rhynchospora ciliolata*; 22543 – *Lagenocarpus verticillatus*; 22594 – *Rhynchospora brasiliensis*; 22619 – *Rhynchospora consanguinea*; 22625 – *Rhynchospora pilosa* var. *arenicola*; 22639 – *Eleocharis maculosa*; 22694 – *Rhynchospora brasiliensis*; 22707 – *Lagenocarpus rigidus* subsp. *rigidus*; 22801 and 22815 – *Rhynchospora tenuis* var. *tenuis*; 22851 – *Cyperus subcastaneus*; 22877 – *Rhynchospora tenuis* var. *tenuis*; 22879 – *Eleocharis rugosa*; 22899 – *Eleocharis sellowiana*; 22916 – *Eleocharis morroi*; 22939 – *Cyperus alternifolius*; 24126 – *Rhynchospora emaciata*; 24169 and 24170 – *Lagenocarpus rigidus* subsp. *rigidus*; 24282 – *Rhynchospora setigera*; 24357 – *Pycreus polystachyos*; 24479 – *Bulbostylis capillaris*; 24483 – *Abildgaardia baeothryon*; 24487 – *Rhynchospora tenuis* var. *tenuis*; 24489 – *Lagenocarpus compactus*; 24596 – *Rhynchospora rugosa*; 24614 – *Rhynchospora consanguinea*; 24655 – *Cyperus schomburgkianus*; 24658 – *Scleria spicata*; 25305 – *Eleocharis almensis*; 25314 – *Scleria atroglumis*; 25355 – *Bulbostylis jacobinae*; 25364 – *Rhynchospora warmingii*; 25725 – *Scleria scabra*; 25824 – *Hypolytrum rigens*; 25860 – *Pycreus polystachyos*; 25922 – *Eleocharis nana*; 25950 – *Bulbostylis capillaris*; 25961 – *Rhynchospora globosa*; 25999 – *Rhynchospora tenuis* var. *tenuis*; 26059 – *Bulbostylis capillaris*; 26090 – *Rhynchospora globosa*; 26259 – *Rhynchospora brevirostris*; 26260 and 26261 – *Rhynchospora consanguinea*; 26264 – *Rhynchospora globosa*; 26281 – *Lagenocarpus rigidus* subsp. *rigidus*; 26288 – *Bulbostylis jacobinae*; 26290 – *Rhynchospora tenuis* var. *tenuis*; 26297 – *Rhynchospora warmingii*; 26301 – *Bulbostylis jacobinae*; 26302 – *Rhynchospora ciliolata*; 26303 – *Bulbostylis jacobinae*; 26304 – *Rhynchospora canescens*; 26305 – *Lagenocarpus rigidus* subsp. *tenuifolius*; 26306 – *Eleocharis capillacea*; 26382 – *Bulbostylis paradoxa*; 26383 – *Bulbostylis emmerinchiae*; 26471 – *Rhynchospora ridleyi*; 26472 – *Rhynchospora setigera*; 26512 – *Bulbostylis capillaris*; 26515 – *Trilepis lhotzkiana*; 26517 – *Bulbostylis capillaris*; 26537 – *Bulbostylis paradoxa*; 26539 – *Scleria atroglumis*; 26543 – *Rhynchospora brasiliensis*; 26551 – *Rhynchospora almensis*; 26552 – *Bulbostylis jacobinae*; 26560 – *Abildgaardia baeothryon*; 26569 – *Rhynchospora brasiliensis*; 26575 – *Eleocharis olivaceonux*; 26583 – *Lagenocarpus rigidus* subsp. *tenuifolius*; 26585 – *Lagenocarpus verticillatus*; 26611 – *Cyperus haspan* var. *coarctatus*; 26623 – *Rhynchospora exaltata*; 26650 – *Cyperus schomburgkianus*; 26922 – *Hypolytrum rigens*; 26996 – *Abildgaardia baeothryon*; 26997 – *Bulbostylis* cf. *capillaris*; 27035 – *Cyperus uncinulatus*; 27046 – *Eleocharis capillacea*; 27193 – *Bulbostylis capillaris*; 27199 – *Lagenocarpus alboniger*; 27307 – *Cyperus haspan*; 27330 – *Trilepis lhotzkiana*; 27406 – *Rhynchospora exaltata*; 27411 – *Lagenocarpus rigidus* subsp. *tenuifolius*; 27415 – *Cyperus pohlii* var. *bahiensis*; 27417 – *Scleria distans*; 27509 – *Trilepis lhotzkiana*; 27530 – *Lagenocarpus griseus*; 27531 – *Rhynchospora ridleyi*; 27532 – *Bulbostylis jacobinae*; 27533 – *Rhynchospora globosa*; 27556 – *Rhynchospora exaltata*; 27635 – *Rhynchospora ridleyi*.

Hatschbach, G. 45077 – *Bulbostylis capillaris*; 48767 – *Scleria melaleuca*; 56752 – *Bulbostylis paradoxa*.

Irwin, H.S. 30908 – *Rhynchospora exaltata*; 30924 – *Rhynchospora emaciata*; 31014 – *Cyperus haspan*; 31029 – *Rhynchospora rugosa*; 31079 – *Rhynchospora ciliolata*; 32603 – *Rhynchospora consanguinea*.

Jardim, J.G. 737 – *Scleria latifolia*; 881 – *Ascolepis brasiliensis*.

Kallunki, J. 483 – *Scleria microcarpa*.

Laurênio, A. 252 – *Calyptrocarya glomerulata*; 336 – *Rhynchospora ridleyi*; 356 – *Rhynchospora* sp.

Leal, C.G. 40 – *Fimbristylis cymosa*; 299 – *Rhynchospora nervosa* subsp. *ciliata*.

Lewis, G.P. 803 – *Fuirena umbellata*; 861 – *Lagenocarpus rigidus* subsp. *tenuifolius*.

Lindman, C.A.M. s.n. – *Rhynchospora nervosa* subsp. *ciliata*;

Lira, S.S. 71 – *Scleria latifolia*; 126 – *Eleocharis sellowiana*.

Luetzelburg, Ph.von 129 – *Scleria mitis*; 136 – *Scleria bracteata*; 255 – *Oxycaryum cubense*; 271 – *Websteria confervoides*; 12290 – *Pycreus polystachyos*; 12528 – *Eleocharis* cf. *eglerioides*; 15474 – *Eleocharis flavescens*; 15484 – *Rhynchospora confusa*; 23705 – *Rhynchospora contracta*; 26586 – *Cyperus haspan*.

Magalhães, M. 19678 – *Abildgaardia baeothryon*; 19729 – *Becquerelia cymosa* subsp. *merkeliana*.

Marcon, A.B. 129 – *Fuirena umbellata*.

Martius, C.F.P.von s.n. – *Eleocharis filiculmis*; s.n. – *Rhynchospora armerioides*; s.n. – *Scleria bracteata*; 860 – *Cyperus rotundus*.

Mattos-Silva, L.A. 794 – *Cyperus meyenianus*; 887 – *Fuirena umbellata*; 2691 – *Cyperus distans*.

Melo, E. 1748 and 1821 – *Oxycaryum cubense*.

Melo, M.R.C.S. 80 – *Cyperus odoratus*; 85 – *Fuirena umbellata*; 228 – *Scleria latifolia*.

Mendonça, R.C. 2379 – *Rhynchospora albiceps*; 2384 – *Cyperus haspan*; 2385 – *Eleocharis filiculmis*; 3434 – *Rhynchospora globosa*.

Miranda, A.M. 1788 – *Cyperus uncinulatus*; 1895 – *Bulbostylis junciformis*; 1917 – *Fimbristylis cymosa*; 1919 – *Pycreus polystachyos*; 1923 – *Rhynchospora ridleyi*.

Morais, J.C. s.n. – *Cyperus uncinulatus*.

Morawetz, W. 122-5978 – *Lagenocarpus verticillatus*.

Mori, S.A. s.n. – *Cyperus odoratus*; 6254 – *Kyllinga brevifolia*; 9248 – *Cyperus rotundus*; 9249 – *Rhynchospora nervosa* subsp. *ciliata*; 9250 – *Fimbristylis dichotoma*; 9251 – *Cyperus surinamensis*; 9252 – *Pycreus polystachyos*; 9310 – *Pleurostachys gaudichaudii*; 9356 – *Cyperus simplex*; 9469 and 9600 – *Bulbostylis capillaris*; 9608 – *Abildgaardia baeothryon*; 9648 – *Rhynchospora holoschoenoides*; 9672 – *Fuirena umbellata*; 9673 – *Cyperus haspan*; 9683 and 9688 – *Lagenocarpus rigidus* subsp. *rigidus*; 9759 – *Eleocharis interstincta*; 9900 – *Rhynchospora holoschoenoides*; 9938 – *Bulbostylis capillaris*; 9943 – *Trilepis lhotzkiana*; 9957 – *Cyperus uncinulatus*; 10022

– *Rhynchospora exaltata*; 10099 – *Cyperus luzulae*; 10108 – *Scleria melaleuca*; 10158 – *Fimbristylis cymosa*; 10167 – *Scleria microcarpa*; 10168 – *Cyperus haspan*; 10169 – *Fuirena umbellata*; 10191 – *Becquerelia cymosa* subsp. *cymosa*; 10219 – *Lagenocarpus rigidus* subsp. *rigidus*; 10220 – *Rhynchospora holoschoenoides*; 10221 – *Fuirena umbellata*; 10230 – *Rhynchospora jubata*; 10339 – *Lagenocarpus verticillatus*; 10359 – *Scleria bracteata*; 10386 – *Bulbostylis junciformis*; 10433 – *Fuirena umbellata*; 10473 – *Lagenocarpus verticillatus*; 10502 – *Abildgaardia baeothryon*; 10533 – *Scleria bracteata*; 10538 – *Cyperus simplex*; 10539 – *Cyperus laxus*; 10547 – *Scleria microcarpa*; 10597 – *Rhynchospora tenuis* var. *tenuis*; 10601 – *Lagenocarpus verticillatus*; 10603 – *Rhynchospora riparia*; 10606 – *Rhynchospora ridleyi*; 10619 – *Cyperus haspan*; 10689 – *Cyperus dichromenaeformis*; 10785 – *Rhynchospora holoschoenoides*; 10915 – *Pycreus polystachyos*; 10947 – *Rhynchospora holoschoenoides*; 10948 – *Cyperus haspan*; 10949 – *Rhynchospora exaltata*; 11143 – *Fuirena robusta*; 11295 – *Rhynchospora exaltata*; 11364 – *Remirea maritima*; 11388 – *Rhynchospora holoschoenoides*; 11389 – *Rhynchospora barbata*; 11396 – *Scleria distans*; 11424 – *Lagenocarpus guianensis*; 11460 – *Rhynchospora exaltata*; 11473 – *Diplacrum capitatum*; 11528 – *Oxycaryum cubense*; 11557 – *Cyperus simplex*; 11607 – *Cyperus sphacelatus*; 11612 – *Cyperus haspan*; 11614 – *Cyperus distans*; 11615 – *Cyperus odoratus*; 11621 – *Fimbristylis dichotoma*; 11622 – *Pycreus polystachyos*; 11635 – *Scleria melaleuca*; 11643 – *Cyperus coriifolius*; 11646 – *Cyperus difformis*; 11648 – *Fimbristylis dichotoma*; 11666 – *Rhynchospora gigantea*; 11690 – *Rhynchospora exaltata*; 11691 – *Becquerelia cymosa*; 11718 – *Pleurostachys gaudichaudii*; 11737 – *Rhynchospora nervosa* subsp. *ciliata*; 11940 – *Rhynchospora riparia*; 11972 – *Rhynchospora exaltata*; 12398 – *Rhynchospora globosa*; 12458 – *Lagenocarpus alboniger*; 12490 – *Rhynchospora globosa*; 12593 – *Lagenocarpus rigidus* subsp. *tenuifolius*; 12936 – *Rhynchospora rugosa*; 12939 – *Rhynchospora globosa*; 12977 – *Rhynchospora cephalotes*; 13166 – *Cyperus haspan*; 13171 – *Cyperus schomburgkianus*; 13215 – *Rhynchospora globosa*; 13233 – *Trilepis lhotzkiana*; 13329 – *Bulbostylis junciformis*; 13332 – *Cyperus aggregatus*; 13402 – *Cyperus schomburgkianus*; 13436 – *Cyperus uncinulatus*; 13437 – *Fimbristylis dichotoma*; 13516 – *Cyperus schomburgkianus*; 13517 – *Rhynchospora emaciata*; 13567 – *Rhynchospora rugosa*; 13586 – *Rhynchospora tenuis* var. *tenuis*; 13615 – *Lagenocarpus alboniger*; 13699 – *Rhynchospora riparia*; 13717 – *Rhynchospora riparia*; 13718 – *Rhynchospora barbata*; 14050 – *Cyperus maritimus*; 14061 – *Bulbostylis capillaris*; 14074 – *Lagenocarpus rigidus* subsp. *rigidus*; 14092 – *Abildgaardia baeothryon*; 14093 – *Bulbostylis capillaris*; 14146 – *Lagenocarpus rigidus* subsp. *tenuifolius*; 14148 – *Rhynchospora globosa*; 14149 – *Lagenocarpus rigidus* subsp. *tenuifolius*; 14150 – *Eleocharis filiculmis*; 14168 – *Bulbostylis conifera*; 14185 – *Rhynchospora holoschoenoides*; 14186 – *Rhynchospora cephalotes*; 14327 – *Bulbostylis junciformis*; 14345 – *Rhynchospora albiceps*; 14367 – *Cyperus friburgensis*; 14392 – *Abildgaardia baeothryon*; 14488 – *Fimbristylis complanata*; 14520 - *Rhynchospora consanguinea*.

Moseley, H.N. s.n. – *Cyperus distans*; s.n. – *Cyperus ligularis*.

Nascimento, M.S.B. s.n. – *Bulbostylis capillaris*; s.n. – *Cyperus odoratus*; s.n. – *Cyperus uncinulatus*; s.n. – *Eleocharis minina* var. *minima*; s.n. – *Eleocharis mutata*; s.n. – *Fimbristylis dichotoma*; s.n. – *Kyllinga odorata*; subsp. *cylindrical*; s.n. – *Scleria latifolia*; s.n. – *Scleria secans*; 9 – *Cyperus articulatus*; 231 – *Cyperus amabilis*; 232 – *Kyllinga squamulata*; 450 and 451 – *Eleocharis mutata*; 466 – *Eleocharis elegans*; 1001 – *Eleocharis geniculata*; 1002 – *Rhynchospora exilis*; 1003 – *Rhynchospora eximia*; 1005 – *Fimbristylis dichotoma*; 1008 – *Rhynchospora barbata*; 1009 – *Bulbostylis conifera*.

Noblick, L.R. 1805 – *Cyperus laxus*; 1992 – *Rhynchospora nervosa* subsp. *ciliata*; 1993 – *Cyperus entrerianus*; 2094 – *Eleocharis nigrescens*; 2095 – *Rhynchospora contracta*; 2138 – *Rhynchospora exaltata*; 2182 – *Scleria cyperina*; 2184 – *Rhynchospora* cf. *consanguinea*; 2263 and 2265 – *Rhynchospora holoschoenoides*; 2295 – *Scleria bracteata*; 2311 – *Becquerelia cymosa* subsp. *cymosa*; 2357 – *Scleria bracteata*; 2372 – *Rhynchospora holoschoenoides*; 2383 – *Rhynchospora pubera*; 2386 – *Cyperus haspan*; 2531 – *Kyllinga brevifolia*; 2571 – *Scleria secans*; 2577 – *Scleria microcarpa*; 2588 – *Cyperus surinamensis*; 2592 – *Rhynchospora gigantea*; 2609 – *Cyperus surinamensis*; 2614 – *Cyperus distans*; 2620 – *Cyperus* cf. *meyerianus*; 2672 – *Fuirena umbellata*; 2673 – *Eleocharis mutata*; 2681 – *Cyperus meyenianus*; 2682 – *Pycreus polystachyos*; 2689 – *Cyperus ligularis*; 2699 – *Cyperus laxus*; 2736 – *Rhynchospora contracta*; 2738 – *Eleocharis maculosa*; 2947 – *Cyperus odoratus*; 2985 – *Cyperus aggregatus*; 2991 – *Cyperus rotundus*; 3046 – *Eleocharis plicarhachis*; 3052 – *Rhynchospora ridleyi*; 3058 – *Rhynchospora rugosa*; 3059 – *Eleocharis* cf. *sellowiana*; 3060 – *Fimbristylis complanata*; 3061 – *Cyperus meyenianus*; 3172 – *Bulbostylis capillaris*.

Oliveira, M. 87 – *Hypolytrum bullatum*.

Pereira, E. 9749 – *Eleocharis elegans*.

Pickel, D.B. 2199 – *Oxycaryum cubense*; 2719 – *Cyperus compressus*; 2914 – *Fimbristylis autumnalis*; 3448 – *Eleocharis minima* var. *minima*; 3778 – *Oxycaryum cubense*.

Pickersgill, B. RU72-129 – *Cyperus surinamensi*;.RU72-130 – *Cyperus rotundus*; RU72-227 – *Kyllinga squamulata*; RU72-228 – *Cyperus rotundus*; RU72-264 – *Cyperus aggregatus*.

Pinheiro, R.S. 2100 – *Rhynchospora ridleyi*.

Pinto, G.C.P. 291 – *Abildgaardia baeothryon*.

Pirani, J.R. CFCR 1624 – *Eleocharis nana*; CFCR 1637 – *Abildgaardia baeothryon*; CFCR 7207 – *Rhynchospora consanguinea*; CFCR 7227a – *Bulbostylis capillaris*; CFCR 7227b – *Eleocharis minima* var. *minima*; CFCR 7533 – *Cyperus compressus*.

Plowman, T. 12807 – *Scleria bracteata*.

Ridley, H.N. s.n. – *Cyperus ligularis*; s.n. – *Fimbristylis dichotoma*; s.n. – *Pycreus polystachyos* var. *circinatus*; 130 – *Cyperus ligularis*; 130 – *Cyperus*

eragrostis; 137 – *Lipocarpha micrantha*; 138 –
Rhynchospora contracta.

Riedel, L. s.n. – *Abildgaardia baeothryon*; s.n. –
Becquerelia clarkei; s.n. – *Bulbostylis barbata*; s.n. –
Bulbostylis vestita; s.n. – *Calyptrocarya fragifera*; s.n.
- *Cyperus articulatus*; s.n. – *Diplacrum capitatum*;
s.n. – *Eleocharis minina* var. *tenuissima*; s.n. –
Eleocharis sellowiana; s.n. – *Fimbristylis cymosa*; s.n.
– *Hypolytrum bullatum*; s.n. – *Rhynchospora comata*;
s.n. – *Rhynchospora contracta*; s.n. – *Rhynchospora
gigantea*; s.n. – *Rhynchospora pubera*; 2 – *Cyperus
hermaphroditus*; 3 – *Cyperus retrorsus*; 68 – *Scleria
hirtella*; 146 – *Remirea maritima*; 147 –
Lagenocarpus riedelianus.

Rodrigues, E. 42 – *Scleria latifolia*; 49 – *Scleria latifolia.*

Roque, N. CFCR 14884 – *Rhynchospora emaciata*;
CFCR 14907 – *Bulbostylis junciformis*; CFCR 14988 –
Fimbristylis dichotoma; CFCR 15015 – *Cyperus
subcastaneus*; CFCR 15018 – *Cyperus
schomburgkianus*; CFCR 15019 – *Abildgaardia
baeothryon.*

Salzmann, P. s.n. – *Abildgaardia baeothryon*; s.n. –
Bulbostylis arenaria; s.n. – *Bulbostylis junciformis*; s.n.
– *Bulbostylis vestita*; s.n. – *Cladium mariscus* subsp.
jamaicense; s.n. – *Cyperus compressus*; s.n. – *Cyperus
cuspidatus* var. *burchelii*; s.n. – *Cyperus distans*; s.n. –
Cyperus haspan; s.n. – *Cyperus hermaphroditus*; s.n. –
Cyperus laxus; s.n. – *Cyperus ligularis*; s.n. – *Cyperus
luzulae*; s.n. – *Cyperus odoratus*; s.n. – *Cyperus
palustris*; s.n. – *Cyperus rotundus*; s.n. – *Cyperus
simplex*; s.n. – *Cyperus surinamensis*; s.n. – *Eleocharis
filiculmis*; s.n. – *Eleocharis geniculata*; s.n. –
Eleocharis interstincta; s.n. – *Eleocharis minina* var.
minima; s.n. – *Eleocharis mutata*; s.n. – *Eleocharis
nana*; s.n. – *Eleocharis nigrescens*; s.n. – *Eleocharis
sellowiana*; s.n. – *Fimbristylis complanata*; s.n. –
Fimbristylis cymosa; s.n. – *Fimbristylis dichotoma*; s.n.
– *Fimbristylis ferruginea*; s.n. – *Fimbristylis ovata*; s.n.
– *Fimbristylis spadicea*; s.n. – *Fuirena robusta*; s.n. –
Fuirena umbellata; s.n. – *Kyllinga odorata*; s.n. –
Kyllinga pumila; s.n. – *Kyllinga vaginata*; s.n. –
Lipocarpha salzmanniana; s.n. – *Pycreus lanceolatus*;
s.n. – *Pycreus polystachyos*; s.n. – *Pycreus lanceolatus*;
s.n. – *Remirea maritima*; s.n. – *Rhynchospora barbata*;
s.n. – *Rhynchospora cephalotes*; s.n. – *Rhynchospora
comata*; s.n. – *Rhynchospora exaltata*; s.n. –
Rhynchospora gigantea; s.n. – *Rhynchospora
holoschoenoides*; s.n. – *Rhynchospora marisculus*; s.n.
– *Rhynchospora nervosa* subsp. *ciliata*; s.n. –
Rhynchospora polycephala; s.n. – *Rhynchospora
pubera*; s.n. – *Rhynchospora riparia*; s.n. –
Rhynchospora tenerrima; s.n. – *Rhynchospora tenuis*
var. *maritima*; s.n. – *Scleria bracteata*; s.n. – *Scleria
interrupta*; s.n. – *Scleria lindleyana*; s.n. – *Scleria
macrophylla*; s.n. – *Scleria melaleuca*; s.n. – *Scleria
microcarpa*; s.n. – *Scleria mitis*; s.n. – *Scleria secans.*

Sano, P.T. CFCR 14440 and CFCR 14527 – *Cyperus
subcastaneus*; CFCR 14662 – *Bulbostylis capillaris*;
CFCR 14862 – *Rhynchospora emaciata.*

Sant'Ana, S.C. 103 – *Bulbostylis junciformis*; 119 –
Rhynchospora barbata; 131 – *Abildgaardia
baeothryon*; 135 – *Rhynchospora holoschoenoides*; 289
– *Rhynchospora rugosa*; 381 – *Rhynchospora barbata.*

Santos, E.B. 89 – *Becquerelia cymosa* subsp. *cymosa*;
91 – *Calyptrocarya glomerulata*; 150 – *Pleurostachys
gaudichaudii*; 244 – *Cyperus prolixus.*

Santos, F.S. 385 – *Rhynchospora holoschoenoides*; 386 –
Kyllinga odorata subsp. *cylindrica*; 389 – *Cyperus
laxus.*

Santos, T.S. 1065 – *Hypolytrum bahiense*; 2364 –
Rhynchospora riparia; 2858 – *Eleocharis interstincta*;
3245 – *Rhynchospora pubera*; 3267 – *Cyperus
haspan*; 3271 – *Fuirena umbellata*; 3277 –
Rhynchospora splendens; 3312 – *Hypolytrum
schraderianum*; 3338 – *Fuirena robusta*; 3522 –
Kyllinga vaginata; 3568 – *Bulbostylis capillaris*; 3588
– *Rhynchospora marisculus*; 3589 – *Diplacrum
capitatum*; 3590 – *Rhynchospora exaltata*; 3591 –
Rhynchospora tenuis var. *tenuis*; 3626 – *Cyperus iria*;
3627 – *Cyperus difformis.*

Sellow, F. s.n. – *Cyperus intricatus*; s.n. – *Cyperus
reflexus* var. *reflexus*; s.n. – *Eleocharis capillacea*; s.n.
– *Eleocharis minima* var. *tenuissima*; s.n. – *Kyllinga
pumila*; s.n. – *Pycreus megapotamicus*; s.n. –
Rhynchospora polycephala.

Silva, L. 36 – *Scleria bracteata.*

Silva, L.A.M. 396 – *Rhynchospora riparia*; 775 –
Rhynchospora gigantea; 1060 – *Rhynchospora
exaltata*; 1244 and 1244 – *Lagenocarpus rigidus*
subsp. *rigidus*; 1264 – *Abildgaardia baeothryon*; 1278
– *Bulbostylis junciformis*; 1314 – *Scleria latifolia.*

Silva, L.F. 51 – *Scleria plusiophylla*; 124 – *Scleria mitis*;
125 – *Scleria latifolia*; 174 – *Cyperus uncinulatus.*

Silva, M.A. 3507 – *Scleria scabra*; 3508 – *Hypolytrum
bahiense.*

Silva, R.M. CFCR 7405 – *Rhynchospora consanguinea*;
CFCR 7537 – *Abildgaardia baeothryon.*

Silva, S.I. s.n. – *Cyperus rotundus.*

Souza, G.M. 117 – *Cyperus aggregatus.*

Souza, V.C. CFCR 5322 – *Cyperus articulatus*; CFCR
5324 – *Eleocharis* aff. *elegans*; CFCR 5428 –
Bulbostylis capillaris.

Stannard, B.L. CFCR 6918 – *Lagenocarpus verticilatus*;
CFCR 6919 – *Trilepis lhotzkiana*; CFCR 7409 –
Rhynchospora canescens.

Sucre, D. 9332 – *Rhynchospora barbata*; 10234 –
Fimbristylis cymosa.

Thomas, W.W. 6050 – *Rhynchospora comata*; 8928 –
Scleria cf. *bracteata*; 8998 – *Rhynchospora comata*;
8999 – *Scleria virgata*; 9077 – *Becquerelia clarkei*;
9483 and 10072 – *Lagenocarpus verticillatus*; 10479 –
Rhynchospora comata; 10487 – *Hypolytrum
schraderianum*; 10766 and 11067 – *Rhynchospora
comata*; 11111 – *Lagenocarpus alboniger*; 11113 –
Rhynchospora globosa; 11115 – *Rhynchospora
ciliolata*; 11124 – *Scleria distans*; 11309 –
Rhynchospora exaltata; 11365 – *Pleurostachys
gaudichaudii*; 12088 – *Rhynchospora comata.*

Travassos, Z. 211 – *Bulbostylis junciformis*; 227 –
Rhynchospora aberrans.

Tschá, M.C. 311 – *Scleria latifolia.*

Ule, E. 7241 – *Eleocharis elegans*; 7366 – *Cyperus
schomburgkianus*; 7495 – *Bulbostylis conifera.*

Walter, B.M. 465 – *Rhynchospora consanguinea.*

www.ingramcontent.com/pod-product-compliance
Lightning Source LLC
Chambersburg PA
CBHW082307210326
41598CB00028B/4467